"十三五"职业教育规划教材

Jisuanji Wangluo Jichu

计算机网络基础

张　荐　**主　编**

王丽娟　郑寿纬　张伟华　**副主编**

人民交通出版社股份有限公司
China Communications Press Co.,Ltd.

内 容 提 要

本书为"十三五"职业教育规划教材,主要内容包括:计算机网络基础知识、计算机网络的构建、Internet技术的应用、网络安全与防护。

本书可供职业院校城市轨道交通专业及相关专业教学选用,亦可供行业相关培训、岗前培训使用。

＊本书配有多媒体助教课件,教师可通过加入职教轨道教学研讨群(QQ群:129327355)索取。

图书在版编目(CIP)数据

计算机网络基础 / 张荐主编. —北京:人民交通
出版社股份有限公司, 2018.1
  ISBN 978-7-114-14229-1

　Ⅰ.①计… 　Ⅱ.①张… 　Ⅲ.①计算机网络 　Ⅳ.
①TP393

中国版本图书馆 CIP 数据核字(2017)第 239340 号

书　　名:计算机网络基础
著 作 者:张　荐
责任编辑:富砚博
出版发行:人民交通出版社股份有限公司
地　　址:(100011)北京市朝阳区安定门外外馆斜街 3 号
网　　址:http://www.ccpress.com.cn
销售电话:(010)59757973
总 经 销:人民交通出版社股份有限公司发行部
经　　销:各地新华书店
印　　刷:北京鑫正大印刷有限公司
开　　本:787×1092　1/16
印　　张:8.75
字　　数:206 千
版　　次:2018 年 1 月　第 1 版
印　　次:2019 年 1 月　第 2 次印刷
书　　号:ISBN 978-7-114-14229-1
定　　价:30.00 元

计算机网络技术不断发展，给我们的工作和生活带来了巨大的改变，伴随着计算机网络技术与各个行业的有机融合，并推动各行各业高速发展，网络已经成为我们工作及生活中不可或缺的一部分。在网络技术不断更新的信息时代，全社会对于职业院校计算机网络相关课程的教学提出了更高的要求，我们也将迎来"互联网＋"时代带来的更多挑战。为了贯彻落实21世纪高等职业教育应用型人才培养规格，实施"知识、能力、素质、创新"的教改思想和教学方法，满足职业院校对计算机网络基础教学的需求，特编写了本书。本书具有以下特点。

1. 教材融入职业教育新理念

本书以培养学生职业能力为核心，根据职业院校学生的知识结构与特点，以基础够用为原则，采用"项目导向，任务驱动，增加实操、项目总结"的编写形式，把计算机网络的基础知识有机融入具体的工作任务中，突出"工学结合"的特点，对于增强学生实践动手能力有很大的促进。

2. 紧跟网络技术发展前沿

计算机网络技术的发展速度很快，与行业企业的融合度高，时时刻刻都在影响我们的工作和生活。为了突出教材的实用性，我们在编写过程中尽量把行业、企业的最新应用技术融入进来，使得教学内容与实际应用对接，提升了教学的职业性、针对性、实用性和前瞻性。

3 实用性强

在仔细分析企业岗位技能方面的具体要求的前提下进行了单元设置，在本书教学目标的前提下,强调以学生为中心,突出职业教学培训的特点。

本书共包括四个项目,分别是计算机网络基础知识、计算机网络构建、Internet 技术的应用、网络安全与防护。每个项目由若干具体工作任务组成,学生可以在学习相应的知识后完成具体的操作任务,充分体现"学做一体化"的特点。本书建议总学时为 64 学时。在教学过程中,各校可根据学生的学习基础和实际学情进行适当地调整。

本书由北京交通运输职业学院张荐任主编,负责对全书的框架和编写思路进行设计及全书的统稿和校对工作;北京铁路电气化学校王丽娟、河北轨道运输职业技术学院郑寿纬、北京交通运输职业学院张伟华任副主编。

由于编者水平有限,书中难免存有不当或者错漏之处,恳请广大师生及读者在使用过程中提出宝贵的意见,并予以批评指正。

作　者
2017 年 11 月

目录
MULU

项目一　计算机网络基础知识

 **项目描述**

计算机网络是构成城市轨道交通系统的重要组成部分。计算机网络知识是轨道交通网络技术的基础，所以本项目着重介绍计算机网络基础知识，为学生提供基础的学习平台。本项目采用任务驱动教学法，使学生在"学中做，做中学"，为学习增添乐趣，使学习不再枯燥。

本项目分为三个任务：了解计算机网络的形成、发展及应用，计算机网络的组成、分类及体系结构，学会制作网线。知识点层次由浅入深、由易到难，符合学者认知过程。

任务一　了解计算机网络的形成、发展与应用

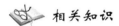 **任务描述**

计算机网络的形成、发展与应用是学习计算机网络的基础知识，本任务中以通俗易懂的语言描述什么是计算机网络；它是如何形成与发展的；计算机网络可实现哪些功能以及其在城市轨道交通中的典型应用。

相关知识

一、计算机网络的定义

所谓计算机网络，是指将地理位置不同的具有独立功能的多台计算机及其外部设备，通过通信线路连接起来，在网络操作系统、网络管理软件及网络通信协议的管理和协调下，实现资源共享和信息传递的计算机系统。

简单地说，计算机网络就是通过电缆、电话线或无线通信将两台以上的计算机互连起来的集合。

计算机网络通俗地讲就是由多台计算机（或其他计算机网络设备）通过传输介质和软件物理（或逻辑）连接在一起组成的。总的来说，计算机网络的组成基本上包括：计算机、网络操作系统、传输介质（可以是有形的，也可以是无形的，如无线网络的传输介质就是看不见的电磁波）以及相应的应用软件四部分。究其概念而言，主要表现在以下几个方面：

（1）计算机网络建立的主要目的是实现计算机的资源共享。

计算机资源主要指计算机硬件、软件与数据。网络用户不但可以使用本地计算机资源，而

1

且可以通过网络访问联网的远程计算机资源,还可以调用网络中几台不同的计算机共同完成某项任务。

(2)互联的计算机是分布在不同地理位置的多台独立的计算机。

互联的计算机之间可以没有明确的主从关系。每台计算机既可以联网工作,也可以脱网独立工作;联网计算机可以为本地用户提供服务,也可以为远程网络用户提供服务。

(3)联网计算机之间的通信必须遵循共同的网络协议。

计算机网络由多台独立的计算机互联而成,网络中的计算机之间需要不断地交换数据,要保证网络中的计算机能有条不紊地交换数据,就必须要求网络中的每台计算机在交换数据的过程中遵守事先约定好的通信规则。

二、计算机网络的形成与发展

计算机网络技术的发展速度及到目前的应用程度是非常惊人的。计算机网络从形成、发展到广泛应用大致可以分为以下四个阶段。

第一阶段:计算机网络技术与理论的准备。

计算机网络的发展是从 20 世纪 50 年代中期至 60 年代末期,将彼此独立发展的计算机技术与通信技术结合起来,完成了数据通信技术与计算机通信网络的研究,形成了计算机网络的雏形,为计算机网络的产生做好了技术准备,奠定了理论基础。此时的计算机网络,是指以单台计算机为中心的远程联机系统。这个阶段的特点与标志性成果主要体现在:

(1)数据通信的研究与技术的日趋成熟,为计算机网络的形成奠定了技术基础。

(2)分组交换概念的提出为计算机网络的研究奠定了重要的理论基础。

第二阶段:计算机网络的形成。

第二阶段是从 20 世纪 60 年代末期至 70 年代中后期,计算机网络完成了计算机网络体系结构与协议的研究,形成了初级计算机网络。ARPAnet 是这一阶段的代表网络,它将一个计算机网络划分为"通信子网"和"资源子网"两大部分,当今的计算机网络仍沿用这种组合方式。美国的 ARPAnet 与分组交换技术为重要标志。ARPAnet 是计算机网络技术发展中的一个里程碑,它的研究成果对促进网络技术的发展起到了重要的作用,为 Internet 的形成奠定了基础。这个阶段的特点与标志性成果主要表现在:

(1)ARPAnet 的成功运行证明了分组交换理论的正确性。

(2)TCP/IP 协议的广泛应用为更大规模的网络互联奠定了坚实的基础。

(3)DNS、E-mail、FTP、TELNET、BBS 等应用展现了网络技术广阔的应用前景。

第三阶段:网络体系结构的研究。

第三阶段是从 20 世纪 70 年代初期至 90 年代中期,国际上各种广域网、局域网与公用分组交换网发展十分迅速,各个计算机生产商纷纷发展各自的计算机网络系统,但随之而来的是网络体系结构与网络协议的国际标准化问题。如果不能推进网络体系结构与协议的标准化,则未来更大规模的网络互连将面临巨大的阻力。国际标准化组织(ISO)提出了开放系统互连(OSI)参考模型,从而促进了符合国际标准化的计算机网络技术的发展。这个阶段的特点与标志性成果主要表现在:

(1)OSI 参考模型的研究促进了网络理论体系的形成与发展以及推进了网络协议标准化

的进步。

(2)TCP/IP协议推动了互联网应用的发展,成为业界事实上的标准。

第四阶段:互联网应用、无线网络与网络安全技术研究的发展。

第四阶段是从20世纪90年代开始。互联网应用技术、无线网络技术、对等网技术与网络安全技术已成为这个阶段最富有挑战性的话题。这个阶段的特点与标志性成果主要表现在:

(1)互联网(Internet)在社会政治、经济、文化、科研、教育与生活等方面发挥着越来越重要的作用。

(2)"三网融合"(计算机网络与电信网络、有线电视网络)促进了宽带城域网概念、技术的演变。

(3)无线局域网与无线城域网技术已经进入应用阶段。

(4)网络安全技术的研究与应用进入高速发展阶段。

三、计算机网络的功能

随着计算机网络技术的迅猛发展,其应用领域越来越广泛,计算机网络的功能也在不断地得到拓展。计算机网络的功能是实现计算机之间的资源共享、网络通信和对计算机的集中管理。除此之外还有负荷均衡、分布处理和提高系统安全与可靠性等功能。如今计算机网络不但在人类社会各个领域发挥着越来越重要的作用,而且功能强大的计算机网络也为人们的日常生活提供了便利、快捷的新型服务功能。

不同环境及领域中计算机网络,它们应用的侧重点不同,表现出的主要功能也有所差别。总的来说,一个完整的计算机网络应具备以下几个基本功能。

1. 资源共享

计算机网络最基本的功能是资源共享。网络的基本资源包括四部分:硬件资源、软件资源、数据资源及信道资源。

(1)硬件资源:包括各种类型的计算机、大容量存储设备、计算机外部设备,如彩色打印机、静电绘图仪等。

(2)软件资源:包括各种应用软件、工具软件、系统开发所用的支撑软件、语言处理程序、数据库管理系统等。

(3)数据资源:包括数据库文件、数据库、办公文档资料、企业生产报表等。

(4)信道资源:通信信道可以理解为电信号的传输介质。

2. 网络通信

通信通道可以传输各种类型的信息,包括数据信息和图形、图像、声音、视频流等各种多媒体信息。在网络中,通过通信线路可实现主机与主机、主机与终端之间数据和程序的传递。典型的数据通信应用有网络电话、视频点播、电子邮件等。

3. 集中管理

计算机在没有联网的条件下,每台计算机都是一个"信息孤岛"。在管理这些计算机时,必须分别管理。而计算机联网后,可以在某个中心位置实现对整个网络的管理。

4. 实时控制

实时控制是指在网络上可以把已存在的许多联机系统有机地连接起来,进行实时集中管理,使各部件协同工作、并行处理,提高系统的处理能力。

5. 均衡负荷

当网络中某个子处理系统负荷太重时,通过网络和应用程序的控制和管理,将作业分散到网络中的其他计算机中,由多台计算机共同完成。

6. 分布处理

分布处理就是把要处理的任务分散到各个计算机上运行,而不是集中在一台大型计算机上,然后把每一台计算机计算的结果汇总到一起,整理得出一个结果。这样,不仅可以降低软件设计的复杂性,而且还可以大大提高工作效率和降低成本。

四、计算机网络典型应用

计算机网络因其自身所具有的高可靠性、高性价比等优点,使其在商业、农业、工业、交通运输、邮电通信、文化教育、国防以及科学研究等各个领域、各个行业的应用越来越广泛。下面以城市轨道交通为例,对计算机网络的应用进行简要分析。

1. AFC 系统

自动售检票(automatic fare collection system,AFC)系统是一个基于计算机、通信、网络、自动控制等技术,实现轨道交通售票、检票、计费、收费、统计、管理等全过程的自动化系统。它是城市轨道交通系统中的运营核心子系统。计算机网络在其应用中实现了轨道交通售票、检票、计费、收费、统计、清分管理等全过程的自动处理,满足了 AFC 系统以纸票、磁卡或非接触式 IC 卡等为车票载体的高度安全、可靠和保密性能良好的自动售检票网络系统的设计要求。

2. 乘客信息系统

乘客信息系统是城市轨道交通"以人为本"运营理念的重要标志,它采用网络和多媒体传输技术、显示技术,向乘客提供各类服务信息,在指定的时间,将指定的信息显示给相关人群;通过监视器采集车厢内乘客乘车情况,将视频信息实时上传到地面,为乘客创造良好的乘车环境,实现地铁安全、高效运营的目标。

3. 列车自动控制系统

基于通信的列车自动控制系统由车载 ATC 单元、轨旁 ATC 单元和控制中心 ATC 组成。计算机网络系统尤其是无线网络的应用,为其提供了系统中车载 ATC 单元与轨旁 ATC 单元间的数据传送的通道,完成数据传输。

4. 数字广播系统

城市轨道交通中广播系统可完成到站出站广播、安全信息提示、遇火灾等紧急情况时进行广播疏导等任务。广播系统的控制中心及车站广播采用两级控制的工作方式。中心的广播信息通过传输网络提供的语音和数据通道传送到各站,实现中央调度员遥控选择或分组联系各车站的功能。

任务二　了解计算机网络的组成、分类及体系结构

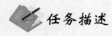
任务描述

在本任务中主要学习计算机网络的硬件系统及软件系统的组成,并根据不同的角度对计

算机网络进行分类,便于学生了解各类网络。另外,还要简要介绍计算机的体系结构。

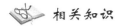 相关知识

一、计算机网络系统的组成

计算机网络系统是由通信子网和资源子网构成的,通信子网面向通信控制和通信处理,资源子网则包括拥有资源的用户主机和请求资源的用户终端。但从物理构成的角度看,完整的计算机网络系统是由硬件系统和软件系统组成。

1. 硬件系统

计算机网络硬件系统是由计算机、网络工作站、网络终端、通信处理机、通信线路(同轴电缆、双绞线、光纤)、信息变换设备等构成。

1)计算机

在一般的局域网中,主机通常被称为服务器,是为客户提供各种服务的计算机,因此在主、辅存储容量及其处理速度等方面有较高要求。根据服务器在网络中所提供的服务不同,可将其划分为文件服务器、通信服务器、数据库服务器、打印服务器、域名服务器等。

2)网络工作站

除服务器外,我们把网络上主要通过执行应用程序来完成工作任务的其余计算机称为网络工作站或网络客户机。网络工作站是网络数据主要的发生场所和使用场所,用户主要是通过使用它来利用网络资源并完成自己作业的。

3)网络终端

网络终端是用户访问网络的界面,它可以通过主机连入网内,也可以通过通信控制处理机连入网内。

4)通信处理机

通信处理机一方面作为资源子网的主机、终端连接的接口,将主机和终端连入网内;另一方面它又作为通信子网中分组存储转发结点,完成分组的接收、校验、存储和转发等功能。

5)通信线路

通信线路是为通信处理机与通信处理机、通信处理机与主机之间提供通信信道。完成信息传输的设备主要有交换机及路由器。

交换机是一种基于 MAC 地址识别,能完成封装转发数据包功能的网络设备。交换机可以"学习"MAC 地址,并把其存放在内部地址表中,通过在数据帧的始发者和目标接收者之间建立临时的交换路径,使数据帧直接由源地址到达目的地址。

路由器的一个作用是连通不同的网络,另一个作用是选择信息传送的线路。选择通畅快捷的线路,能大大提高通信速度,减轻网络系统通信负荷,节约网络系统资源,提高网络系统畅通率,从而让网络系统发挥出更大的效益。

6)信息变换设备

信息交换设备用于对信号进行变换,包括调制解调器、无线通信接收和发送器以及用于光纤通信的编码解码器等。

2.网络软件系统

网络软件系统是指由系统软件、支撑软件和应用软件组成的计算机软件系统,它包括操作系统、语言处理系统、数据库系统、分布式软件系统和人机交互系统等。

1)操作系统

操作系统用于管理计算机的资源和控制程序的运行。操作系统的功能包括处理器管理、存储管理、文件管理、设备管理和作业管理。其主要研究内容包括:操作系统的结构、进程(任务)调度、同步机制、死锁防止、内存分配、设备分配、并行机制、容错和恢复机制等。

2)语言处理系统

语言处理系统是用于处理软件语言等的软件,如编译程序等。功能是各种软件语言的处理程序,它把用户用软件语言书写的各种源程序转换成可为计算机识别和运行的目标程序,从而获得预期结果。其主要研究内容包括:语言的翻译技术和翻译程序的构造方法与工具,此外,它还涉及正文编辑技术、连接编辑技术和装入技术等。

3)数据库系统

数据库系统是用于支持数据管理和存取的软件,包括数据库、数据库管理系统等。数据库是常驻在计算机系统内的一组数据,它们之间的关系用数据模式来定义,并用数据定义语言来描述;数据库管理系统是使用户可以把数据作为抽象项进行存取、使用和修改的软件。

数据库系统主要功能包括数据库的定义和操纵、共享数据的并发控制、数据的安全和保密等。

数据库系统按数据定义模块划分,可分为关系数据库、层次数据库和网状数据库。按控制方式划分,可分为集中式数据库系统、分布式数据库系统和并行数据库系统。

数据库系统研究的主要内容包括:数据库设计、数据模式、数据定义和操作语言、关系数据库理论、数据完整性和相容性、数据库恢复与容错、死锁控制和防止、数据安全性等。

4)分布式软件系统

分布式软件系统包括分布式操作系统、分布式程序设计系统、分布式文件系统、分布式数据库系统等。

功能是管理分布式计算机系统资源和控制分布式程序的运行,提供分布式程序设计语言和工具,提供分布式文件系统管理和分布式数据库管理关系等。

主要研究内容包括分布式操作系统和网络操作系统、分布式程序设计、分布式文件系统和分布式数据库系统。

5)人机交互系统

人机交互系统是提供用户与计算机系统之间按照一定的约定进行信息交互的软件系统,可为用户提供一个友善的人机界面。主要功能是在人和计算机之间提供一个友善的人机接口。其主要研究内容包括人机交互原理、人机接口分析及规约、认知复杂性理论、数据输入、显示和检索接口、计算机控制接口等。

二、计算机网络的分类

1.按网络的拓扑结构分类

所谓拓扑,是指把实体抽象成为与其大小、形状无关的点,将连接实体的线路抽象成线,进而研究点、线、面之间的关系。拓扑设计是建设计算机网络的第一步,也是实现各种网络协议的基础,它对网络性能、系统可靠性与通信费用都有重大影响。计算机网络拓扑主要是指通信子网的拓扑构型。

按照网络的拓扑结构,计算机网络可分为总线型、星型、树型、环型等几种。

1)总线型拓扑结构

总线型拓扑结构是指通过一根公共总线连接该网络中的所有设备,所有信息均通过结点总线并沿着总线的两个方向传送,并可被任一结点所接收,通信方式为广播方式。总线型拓扑结构是局域网的主要拓扑结构之一,其拓扑结构的优点是:结构简单,容易实现,易于扩展,可靠性较好。图 1-1 给出了总线型局域网的拓扑结构。

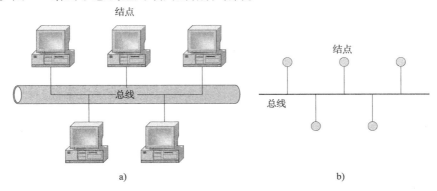

图 1-1 总线型拓扑结构图

总线型局域网的所有结点都通过网卡连接在作为公共传输介质的总线上,通常采用双绞线或同轴电缆作为传输介质,所有结点都可以通过总线发送或接收数据,但是同一时间内只允许一个结点通过总线发送数据,此时其他结点只能接收数据。如果有两个或两个以上的结点通过公共总线同时发送数据,就会出现冲突,造成传输失败,如图 1-2 所示。

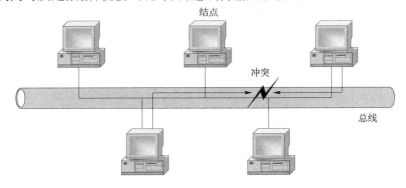

图 1-2 总线上传输数据出现冲突示意图

为了减少信道争用带来的冲突,带有冲突检测的载波监听多路访问/冲突检测(CSMA/CD)协议被用于总线网中。

2)环型拓扑结构

环型拓扑结构也是共享介质局域网的主要拓扑结构之一,如图 1-3 所示。环型拓扑结构是指将所有设备连接成环状,信息通过环以广播式传送,在环型拓扑结构中,结点之间通过网卡利用点到点线路连接构成闭合的环型,环中数据沿着一个方向绕环逐站传输。

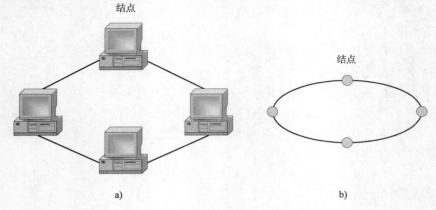

结点

结点

a)

b)

图 1-3　环型拓扑结构示意图

环型拓扑结构传输路径固定,无路径选择问题,实现简单。但任何结点的故障都会导致全网瘫痪,可靠性较差。网络管理比较复杂,投资费用较高。当环型拓扑结构需要调整时,如结点的增、删、改,一般需要将整个网重新配置,扩展性、灵活性差,维护困难。

为了避免冲突现象的发生,环型网一般采用令牌来控制数据的传输,只有获得令牌的计算机才能发送数据。环型拓扑结构有单环和双环两种结构之分,其中双环结构常用于以光导纤维作为传输介质的环型网中,目的是设置一条备用环路,当光纤环发生故障时,可迅速启用备用环,提高环型网的可靠性。最常见的环型网有令牌环网和 FDDI。

3)星型拓扑结构

星型拓扑结构是指由一个中央结点和若干从结点组成,中央结点可以与从结点直接通信,而从结点之间的通信必须经过中央结点的转发。在星型拓扑结构中,结点通过点对点通信线路与中心结点连接,如图 1-4 所示。中心结点控制全网的通信,任何两个结点之间的通信都要通过中心结点。

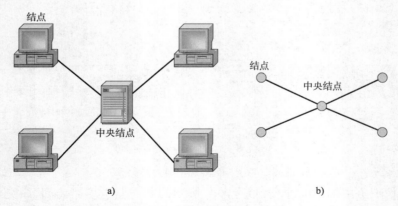

结点

中央结点

结点

中央结点

a)

b)

图 1-4　星型拓扑结构示意图

星型拓扑结构具有结构简单,建网容易,传输速率高,扩展性好,配置灵活,站点的增、删、改容易实现,网络易管理和维护等特点,且每结点独占一条传输线路,避免了数据传送堵塞现象。另外,一台计算机及其接口的故障不会影响到整个网络,但是网络可靠性依赖于中央结点,中央结点一旦出现故障将导致全网瘫痪。

集线器的出现和双绞线的大量应用,使得星型局域网以及多级星形局域网获得了广泛的应用。

4)树型拓扑结构

树型拓扑结构是一种分级结构,可以看成多级星型结构的组合,一般情况下越靠近树根的结点处理能力越强,如图 1-5 所示。在实际组建一个较大型网络时,大多采用多级星型网络,将多级星型网络按层次方式排列即形成树型网络。

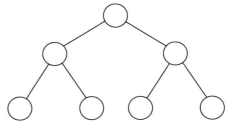

图 1-5 树型拓扑结构

树型拓扑结构的特点由扩充方便、灵活,建网费用也较低,故障隔离容易等,适用于分主次或分等级的层次型管理系统。由于采用分级的集中控制,整个网络对根结点的依赖性较大,如果根结点发生故障,则整个网络不能正常工作。

2. 按网络的作用范围分类

按网络的作用范围划分,计算机网络可分为局域网、城域网和广域网。

(1)局域网(LAN):作用范围通常为几米至几千米的小型网络,一般是由一个单位或部门组建,局限在一座建筑物或园区内。局域网规模小、速度快,应用非常广泛。

(2)城域网(MAN):作用范围介于广域网和局域网之间,是一个城市或地区组建的网络,作用范围一般为几十千米。城域网以及宽带城域网的建设已成为目前网络建设的热点。

(3)广域网(WAN):作用范围通常为几十到几千千米,可以跨越辽阔的地理区域进行长距离的信息传输,所包含的地理范围通常是一个国家或洲。在广域网内,用于通信的传输装置和介质一般由电信部门提供,网络则由多个部门或国家联合组建,网络规模大,能实现较大范围的资源共享。

需要指出的是,广域网、城域网和局域网的划分只是一个相对的分界,而且随着计算机网络技术的发展,三者的界限已经变得越来越模糊。另外,Internet 不是广域网,而是广域网互联形成的遍布全球的网络。

3. 按传输介质分类

计算机网络根据传输介质的不同分为有线网络和无线网络。

(1)有线网:采用同轴电缆、双绞线、光纤等导向传输媒体来传输数据的网络。

(2)无线网:采用无线电波、红外线、微波、卫星和激光。在局域网中,通常只使用无线电波和红外线作为传输介质。无线传输介质通常用于广域互联网的广域链路的连接。

4. 按数据传输速率分类

计算机网络按照数据传输速率可分为低速网、中速网及高速网。

(1)低速网:数据传输速率在 200kb/s ~ 1.5Mb/s 之间的系统,这种系统通常是借助调制解调器利用电话网来实现的。

(2)中速网:数据传输速率在 1.6 ~ 45Mb/s 之间的系统,这种系统主要是传统的数字式公用数据网。

(3)高速网:数据传输速率在 50 ~ 1000Mb/s 之间的系统,目前的快速以太网和使用光纤的主干通信线路均属于高速网。

5. 按通信传播方式分类

计算机网络按照通信传播方式的不同,可分为点对点传播方式网及广播式传播方式网。

(1)点对点传播方式网:以点对点的连接方式把各个计算机连接起来的网络。采用这种传播方式的主要拓扑结构有星型、树型、环型、网状型。

(2)广播式传播方式网:用一个共同的传播介质把各个计算机连接起来的网络,主要有以同轴电缆连接起来的共享总线网络和以无线、微波、卫星方式传播的广播网。

6. 按使用范围分类

根据使用范围的不同,计算机网络可分为公用网和专用网两种。

(1)公用网:公用网又称为公众网。只要符合网络拥有者的要求就能使用这个网,因此它是为社会所有的人提供服务的网络。

(2)专用网:专用网为一个或几个部门所拥有,它只为拥有者提供服务,不向拥有者以外的人提供服务。

7. 按控制方式分类

根据所采用的控制方式,计算机网络分为集中式网络和分布式网络。

(1)集中式网络:网络的处理控制功能都高度集中在一个或几个结点上,所有信息流都必须经过这些结点之一,因此,这些结点是网络的处理控制中心,而其余的大多数结点则只有较少的处理控制功能。星型网络和树形网络都是典型的集中式网络。

(2)分布式网络:网络中不存在一个处理控制中心,网络中的任一结点都至少和另外两个结点相连接,信息从一个结点到达另一结点时,可能有多条路径。同时,网络中的各个结点均以平等地位相互协调工作和交换信息,并可共同完成一个大型任务。分组交换、网状网络都属于分布式网络,这种网络具有信息处理的分布性、可靠性高、可扩充及灵活性好等优点。

8. 按计算机程序之间的通信方式分类

在网络边缘的端系统中运行的程序之间的通信方式通常可划分为两大类:

(1)客户机/服务器模式(Client/Server,C/S):客户机和服务器都是指通信中所涉及的两个应用进程。客户机/服务器方式所描述的是进程之间服务和被服务的关系。客户是服务的请求方,服务器是服务的提供方。服务器软件是一种专门用来提供某种服务的程序,系统启动后即自动调用并一直不间断地运行着,被动地等待并接受客户的通信请求,可同时处理多个远程或本地客户的请求,一般需要强大的硬件和高级的操作系统支持。

而客户软件被用户调用后运行,在需要通信时主动向远程服务器发起请求,因此,客户程序必须知道服务器程序的地址。

(2)对等网络(Peer-to-Peer,P2P):在对等网络中,没有专用的服务器,网络中的所有计算机都是平等的,每一台计算机既是服务器又是客户机,各计算机分别管理自己的资源和用户,同时又可以作为客户机访问其他计算机的资源。

对等网络也称为工作组,各计算机必须配置相同的协议。由于每台计算机独立管理自己的资源,很难控制网络中的资源和用户,安全性稍差。

三、计算机网络体系结构

1. 计算机网络体系结构的形成

（1）早在最初的 ARPANET 设计时即提出了分层的方法。"分层"可将庞大而复杂的问题，转化为若干较小的局部问题，而这些较小的局部问题就比较易于研究和处理。

（2）1974 年，IBM 公司宣布了它研制的 SNA（System Network Architecture）。这个著名的网络标准就是按照分层的方法制定的。不久以后，其他一些公司也相继推出本公司的一套体系结构，并都采用不同的名称。

（3）国际标准化组织 ISO 于 1977 年成立了专门机构研究该问题。不久，他们就提出一个试图使各种计算机在世界范围内互连成网的标准框架，即著名的开放系统互连基本参考模型 OSI/RM（Open Systems Interconnection Reference Model），简称为 OSI，如图 1-6 所示。在 1983 年形成了开放系统互联基本参考模型的正式文件，即著名的 ISO 7498 国际标准。

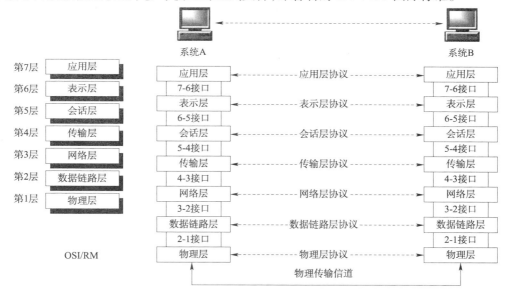

图 1-6　OSI 参考模型示意图

（4）20 世纪 90 年代初期，虽然整套的 OSI 国际标准都已经制定出来了，但由于互联网已抢先在全世界覆盖了相当大的范围，而与此同时却几乎找不到有什么厂家生产出符合 OSI 标准的商用产品。现今规模最大的、覆盖全世界的计算机网络互联网并未使用 OSI 标准，而是非国际标准 TCP/IP。这样，TCP/IP 就是事实上的国际标准。

2. 计算机网络体系结构的定义

计算机的网络结构可以从网络组织、网络配置和网络体系结构三个方面来描述。网络组织是从网络的物理结构和网络的实现两方面来描述计算机网络；网络配置是从网络应用方面来描述计算机网络的布局，硬件、软件和通信线路来描述计算机网络；网络体系结构是从功能上来描述计算机网络结构。

网络协议是计算机网络必不可少的，一个完整的计算机网络需要有一套复杂的协议集合，组织复杂的计算机网络协议的最好方式就是层次模型。而将计算机网络层次模型和各层协议的集合定义为计算机网络体系结构(Network Architecture)。

　　计算机网络由多个互连的结点组成,结点之间要不断地交换数据和控制信息,要做到有条不紊地交换数据,每个结点必须遵守一整套合理而严谨的结构化管理体系。计算机网络就是按照高度结构化设计方法采用功能分层原理来实现的,即计算机网络体系结构的内容,如图1-7所示。

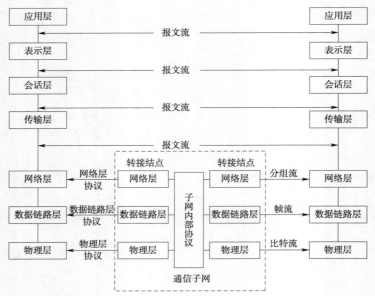

图1-7　各层结构化数据传输示意图

　　通常所说的计算机网络体系结构,即在世界范围内统一协议,制定软件标准和硬件标准,并将计算机网络及其部件所应完成的功能精确定义,从而使不同的计算机能够在相同功能中进行信息对接。

　　3.计算机网络层次的划分

　　计算机网络体系结构分为相对独立的七层,即应用层、表示层、会话层、传输层、网络层、数据链路层和物理层。这样,一个复杂而庞大的问题就简化为了几个易研究、处理的相对独立的局部问题。

　　1)划分层次的重要性

　　(1)各层之间是独立的。某一层并不需要知道它的下一层是如何实现的,而仅需要知道该层通过层间的接口所提供的服务。这样,整个问题的复杂程度就下降了。

　　(2)灵活性好。当任何一层发生变化时,只要层间接口关系保持不变,则在这层以上或以下各层均不受影响。

　　(3)结构上可分割开。各层都可以采用最合适的技术来实现。

　　(4)易于实现和维护。这种结构使得实现和调试一个庞大又复杂的系统变得易于处理,因为整个系统已被分解为若干个相对独立的子系统。

　　(5)能促进标准化工作。因为每一层的功能及其所提供的服务都已有了明确的说明。

　　2)划分层次的原则

　　计算机网络体系结构的分层思想主要遵循以下几点原则:

（1）功能分工的原则。即每一层的划分都应有它自己明确的与其他层不同的基本功能。

（2）隔离稳定的原则。即层与层的结构要相对独立和相互隔离,从而使某一层内容或结构的变化对其他层的影响小,各层的功能、结构相对稳定。

（3）分支扩张的原则。即公共部分与可分支部分划分在不同层,这样有利于分支部分的灵活扩充和公共部分的相对稳定,减少结构上的重复。

（4）方便实现的原则。即方便标准化的技术实现。

3）OSI 参考模型

（1）OSI 参考模型的基本概念

OSI(Open System Interconnect),即开放式系统互连。一般称为 OSI 参考模型,是 ISO(国际标准化组织)在 1985 年研究的网络互连模型。该体系结构标准定义了网络互连的七层框架(从低到高依次为物理层、数据链路层、网络层、传输层、会话层、表示层和应用层),即 ISO 开放系统互连参考模型。在这一框架下进一步详细规定了每一层的功能,以实现开放系统环境中的互连性、互操作性和应用的可移植性。

（2）OSI 参考模型的结构

物理层、数据链路层、网络层、传输层、会话层、表示层和应用层。

（3）OSI 参考模型的主要功能

①物理层(Physical Layer)。物理层是 OSI 参考模型的最底层,它利用传输介质为数据链路层提供物理连接。它主要关心的是通过物理链路从一个结点向另一个结点传送比特流,利用机械的、电气的功能和规程特性在 DTE 和 DCE 之间实现对物理链路的建立、维护和拆除功能,如图 1-8 所示。物理链路可能是铜线、卫星、微波或其他的通信媒介。

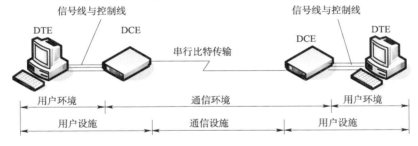

图 1-8　物理层串行比特传输示意图

②数据链路层(Data Link Layer)。数据链路层是为网络层提供服务的,解决两个相邻结点之间的通信问题,传送的协议数据单元称为数据帧,如图 1-9 所示。数据帧中包含物理地址(又称 MAC 地址)、控制码、数据及校验码等信息。该层的主要作用是通过校验、确认和反馈重发等手段,将不可靠的物理链路转换成对网络层来说无差错的数据链路。

此外,数据链路层还要协调收发双方的数据传输速率,即进行流量控制,以防止接收方因来不及处理发送方来的高速数据而导致缓冲器溢出及线路阻塞。

③网络层(Network Layer)。网络层是为传输层提供服务的,传送的协议数据单元称为数据包或分组。该层的主要作用是解决如何使数据包通过各结点传送的问题,即通过路径选择算法(路由)将数据包送到目的地,如图 1-10 所示。另外,为避免通信子网中出现过多的数据包而造成网络阻塞,需要对流入的数据包数量进行控制(拥塞控制)。当数据包要跨越多个通

信子网才能到达目的地时,还要解决网际互连的问题。

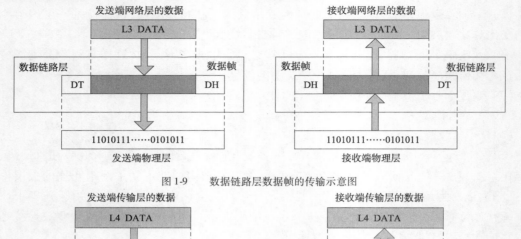

图 1-9   数据链路层数据帧的传输示意图

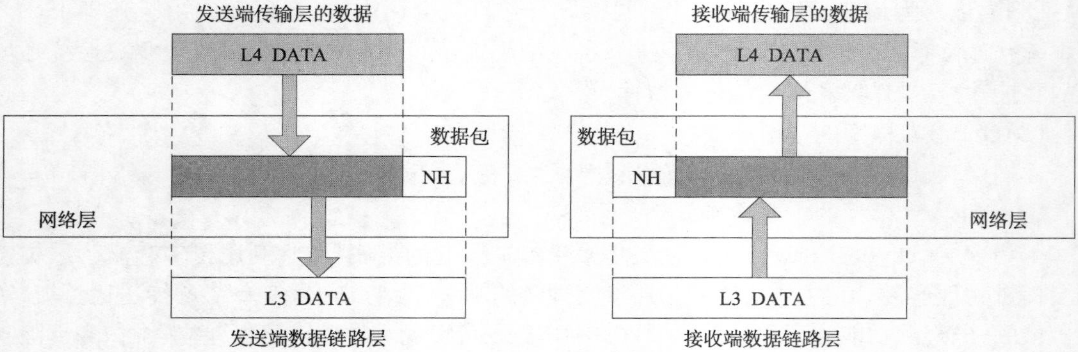

图 1-10   网络层数据包的传输示意图

④传输层(Transport Layer)。传输层传送的协议数据单元称为段或报文。传输层的作用是为上层协议提供端到端的可靠和透明的数据传输服务,包括处理差错控制和流量控制等问题。该层向高层屏蔽了下层数据通信的细节,使高层用户看到的只是在两个传输实体间的一条主机到主机的、可由用户控制和设定的、可靠的数据通路,如图 1-11 所示。

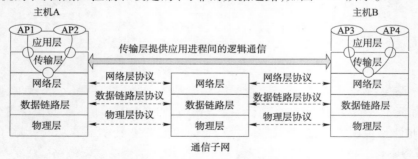

图 1-11   传输层向上层提供透明传输的示意图

⑤会话层(Session Layer)。会话层主要功能是管理和协调不同主机上各种进程之间的通信(对话),即负责建立、管理和终止应用程序之间的会话。会话层得名的原因是它类似于两个实体间的会话概念。例如,一个交互的用户会话以登录到计算机开始,以注销结束。

⑥表示层(Presentation Layer)。表示层处理流经结点的数据编码的表示方式问题,以保证一个系统应用层发出的信息可被另一系统的应用层读出。如果必要,该层可提供一种标准表

示形式,用于将计算机内部的多种数据表示格式转换成网络通信中采用的标准表示形式。数据压缩和加密也是表示层可提供的转换功能之一。

⑦应用层(Application Layer)。应用层是 OSI 参考模型的最高层,是用户与网络的接口。该层通过应用程序来完成网络用户的应用需求,如文件传输、收发电子邮件等。

(4)TCP/IP 参考模型

①TCP/IP 参考模型简介。

TCP/IP 参考模型是计算机网络的鼻祖 ARPANET 和其后继的互联网使用的参考模型。ARPANET 是由美国国防部(U. S. Department of Defense)赞助的研究网络。逐渐地它通过租用的电话线连接了数百所大学和政府部门。当无线网络和卫星出现以后,现有的协议在和它们相连时出现了问题,所以需要一种新的参考体系结构。这个体系结构在它的两个主要协议出现以后,被称为 TCP/IP 参考模型(TCP/IP reference model)。

TCP/IP 参考模型从低到高依次为网络接口层、网际层、传输层、应用层,如图 1-12 所示。

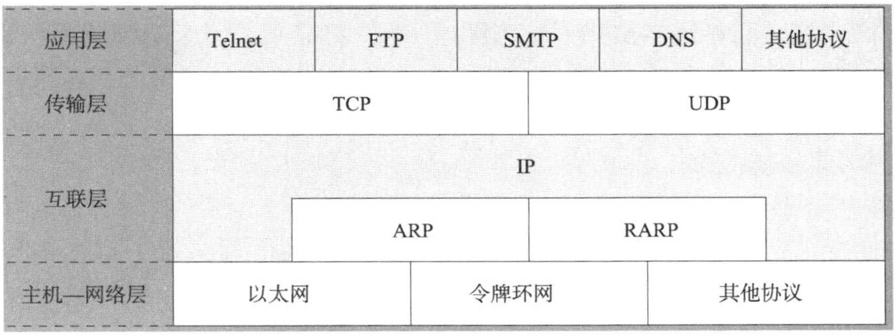

图 1-12　TCP/IP 模型结构图及各层的协议

②TCP/IP 各层主要功能。

a. 网络接口层。功能:主机—网络层是 TCP/IP 参考模型的最底层,它负责发送和接收 IP 分组。TCP/IP 协议对主机—网络层并没有规定具体的协议,它采取开放的策略,允许使用广域网、局域网与城域网的各种协议。任何一种流行的底层传输协议都可以与 TCP/IP 互联网络层接口。这正体现了 TCP/IP 体系的开放性、兼容性的特点,也是 TCP/IP 成功应用的基础。

b. 网际层。功能:处理来自传输层的数据发送请求。在接收到报文发送请求后,将传输层报文封装成 IP 分组,启动路由选择算法,选择适当的发送路径,并将分组转发到下一个节点;处理接收的分组,在接收到其他节点发送的 IP 分组后,检查目的 IP 地址,如果目的地址为本节点的 IP 地址,则除去分组头,将分组数据交送传输层管理,如果需要转发,则通过路由选择算法为分组选择下一条节点的发送路径,并转发分组;处理网络的路由选择、流量控制与拥塞控制。

c. 传输层。功能:传输层是负责在会话进程之间建立和维护端—端连接,实现网络环境中分布式进程通信。

d. 应用层。功能:应用层是 TCP/IP 参考模型中的最高层。应用层包括各种标准的网络应用协议,并且总是不断有新的协议加入。

③对 OSI 参考模型的评价。

无论是 OSI 参考模型与协议,还是 TCP/IP 参考模型与协议都是不完美的。造成 OSI 参考模型不能流行的主要原因之一是其自身的缺陷。会话层在大多数应用中很少用到,表示层几乎是空的。在数据链路层与网络层之间有很多的子层插入,每个子层有不同的功能。OSI 模型将"服务"与"协议"的定义结合起来,使得参考模型变得格外复杂,将它实现起来是非常困难的。同时,寻址、流控与差错控制在每一层里都重复出现,必然降低系统效率。虚拟终端协议最初安排在表示层,现在安排在应用层。关于数据安全性,加密与网络管理等方面的问题也在参考模型的设计初期被忽略了。参考模型的设计更多是被通信思想所支配,很多选择不适合于计算机与软件的工作方式。很多"原语"在软件的很多高级语言中实现起来很容易,但严格按照层次模型编程的软件效率很低。

④对 TCP/IP 参考模型的评价。

它在服务、接口与协议的区别上不清楚。一个好的软件工程应该将功能与实现方法区分开来,TCP/IP 恰恰没有很好地做到这点,这就使得 TCP/IP 参考模型对于使用新技术的指导意义不够。

TCP/IP 的主机—网络层本身并不是实际的一层,它定义了网络层与数据链路层的接口。物理层与数据链路层的划分是必要和合理的,一个好的参考模型应该将它们区分开来,而 TCP/IP 参考模型却没有做到这点。

⑤一种推荐的参考模型。

无论是 OSI 参考模型还是 TCP/IP 参考模型与协议,都不完美,国际标准化组织(ISO)本来计划通过推动 OSI 参考模型与协议的研究来促进网络的标准化,这个目标事实上并没有达到。伴随着 Internet 的发展,TCP/IP 参考模型及协议抓住机会,目前获得了公认的工业标准。

| 应用层 |
| 传输层 |
| 网络层 |
| 数据链路层 |
| 物理层 |

图 1-13　一种推荐的五层
参考模型

OSI 参考模型综合考虑各个方面的因素,使 OSI 模型变得大而全,效率低下。但 OSI 参考模型的很多研究及概念虽然没有流行起来,但对今后网络的发展具有很高的指导意义。TCP/IP 协议应用虽然广泛,但它的参考模型的研究比较薄弱。为了保证计算机网络体系的科学性与系统性,综合 OSI 参考模型和 TCP/IP 参考模型的优点,人们逐渐提出一种新的参考模型,具有五个层次,如图 1-13 所示。这种参考模型相比 OSI 参考模型少了表示层和会话层,相比 TCP/IP 参考模型用物理层和数据链路层取代了网络接口层。

任务三　网线的制作

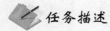
任务描述

1. 学习并掌握网线制作的方法。
2. 学习并识记网线的色彩标记和连接方法。
3. 能够独立完成网线的制作。
4. 学会使用制作网线的有关工具。

任务实施

网线插头(俗称水晶头)可分为直通型线缆和交叉型线缆两种,本任务以直通型线缆插头的制作为例展开介绍。

1. 材料准备

若干米网线,若干个 RJ-45 插头,剥线压线钳和测试仪各一个。

2. 操作步骤

(1)选线。选线就是准确地选择线缆的长度,至少0.6m,最多不超过100m。

(2)剥线。用压线钳的剥线刀口将线缆的外保护套管划开(小心不要将里面的双绞线的绝缘层划破),刀口距线缆的端头至少2cm,如图1-14所示。

图 1-14　剥线

(3)将划开的外保护套管剥去(旋转、向外抽),如图1-15所示。

(4)露出 5 类线电缆中的 4 对双绞线。

(5)排线及剪线。分开4对电缆,按照所做双绞线的线序标准(T568A或T568B)规定的序号排好,并将线弄平直。将8根导线平坦整齐地平行排列,导线间不留空隙。准备用压线钳的剪线刀口将8根导线剪断。剪断电缆线。请注意:一定要剪得很整齐。剥开的导线长度大约14mm。不要剥开每根导线的绝缘外层,如图1-16所示。

图 1-15　去包皮

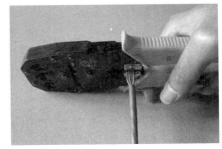

图 1-16　剪断网线

(6)插线。将剪断的电缆线(如图1-17所示)放入RJ-45插头如图1-17所示,电缆线的外保护层最后应能够在RJ-45插头内的凹陷处被压实。

(7)压线。在确认一切都正确后(特别要注意不要将导线的顺序排列反了),将RJ-45插头放入压线钳的压头槽内,双手紧握压线钳的手柄,用力压紧,如图1-19所示。请注意,在这一步骤完成后,插头的8个针脚接触点就穿过导线的绝缘外层(如图1-18所示),分别和8根导线紧紧地压接在一起。

(8)做网线的另一端插头。重复步骤(2)～步骤(7)做好另一端插头,在操作过程同样要认真、仔细。

(9)测线。如果测试仪上8个指示灯都依次为绿色闪过,证明网线制作成功。还要注意测试仪两端指示灯亮的顺序是否与接线方式对应。

(10)制作完成的网线插头,如图1-20所示。

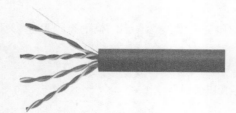

图1-17　剪断后的电缆线

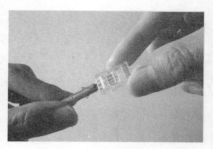

图1-18　网线插入插头

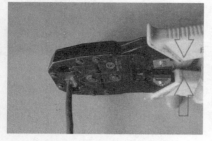

图1-19　插头放入到压头槽

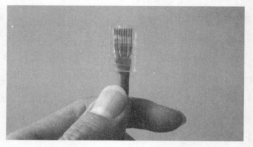

图1-20　制作完成的网线插头

 知识拓展

(1)直通型与交叉型的区别。

直通型线缆头的线序都按照 EIA/TIA-T568A(以下简称 T568A)或 EIA/TIA-T568B(以下简称 T568B)标准制作;而交叉型线缆则一个插头的线序按照 T568A 标准制作,而另一个插头的线序按照 T568B 标准制作。

(2)T568B 标准的线序。

EIA/TIA-T568B 标准中双绞线颜色与插头引脚号之间的关系如下:

橙白——1,橙——2,绿白——3,蓝——4,蓝白——5,绿——6,棕白——7,棕——8

T568B 标准的线序如图 1-21 所示。

(3)T568A 标准的线序。

EIA/TIA-568A 标准中双绞线颜色与插头引脚号之间的关系如下:

绿白——1,绿——2,橙白——3,蓝——4,蓝白——5,橙——6,棕白——7,棕——8

T568A 标准的线序如图 1-22 所示。

图1-21　T568B 标准的线序

图1-22　T568A 标准的线序

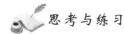 **思考与练习**

1. 简述什么是计算机网络?
2. 阐述计算机网络的发展过程。
3. 计算机网络的功能有哪些?
4. 列举你所了解的计算机网络在城市轨道交通中的应用。
5. 计算机网络系统由哪些部分组成?
6. 简述计算机网络的分类。
7. 简述计算机网络的体系结构。
8. 谈谈你在使用计算机网络中的感受。
9. 简述网线的制作流程。
10. 谈一谈制作网线后有何收获?

 **项目总结**

本项目简要介绍了计算机网络的相关基础知识,包含其概念、发展过程及应用、组成、分类、体系结构,及网线的制作过程。具体介绍如下:

(1)计算机网络覆盖了政治、经济、军事、交通等各个方面,已经成为人们生活中不可或缺的一部分。究其概念而言却一直没有一个严格的定义。本项目通过阐述计算机网络的典型特点进而介绍了计算机网络的概念。

(2)计算机网络在城市轨道交通系统担当着重要角色之一,本项目中介绍了 AFC 系统、乘客信息系统、列车自动控制系统及数字广播系统中计算机网络的典型应用。

(3)计算机网络系统由软件及硬件系统组成,其中软件系统包括操作系统、语言处理系统、数据库系统、分布式软件系统和人机交互系统等;网络硬件则是指计算机网络中所使用的物理设备,如交换机、中继器等设备。

(4)计算机网络的层次及其协议的集合即为网络的体系结构。开放系统互连参考模型 OSI 已成为指导网络发展方向的标准。

(5)网线是计算机网络通信的传输媒介之一,是目前生活中最常见的传输媒介,所以网线的制作已成为必备的技能。本项目介绍了直通型线缆插头的制作方法,交叉型与之类似。

项目二　计算机网络构建

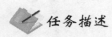　**项目描述**

计算机网络的构建总体目标应明确采用哪些网络技术和网络标准,构筑一个可以满足哪些应用的、需要多大规模的网络。如果网络构建的工程分期实施,应明确分期工程的目标、建设内容、所需工程费用、时间和进度计划等。不同的网络用户其网络设计目标各不相同。除网络的应用以外,主要受限制因素是投资规模。

任何设计都会有权衡和折中,计算机网络设备性能越好,技术越先进,成本就越高。网络设计人员不仅要考虑网络构建实施的成本,还要考虑网络运行成本,有了投资规模,在选择技术时目标就会更加明确。

典型网络设计目标一般包括:

(1)加强合作交流,共享数据资源。

(2)加强对分支机构或部门的调控能力。

(3)缩短产品开发周期,提高雇员生产力。

(4)与其他公司建立伙伴关系。

(5)增加收入和利润。

(6)降低电信及网络成本,包括与语音、数据、视频等独立网络有关的开销。

(7)转变为国际网络产业模式。

(8)使落后的技术现代化。

(9)提高关键任务应用程序和数据的安全性与可靠性。

(10)将数据提供给所有雇员及所属公司,以使其做出更好的商业决定。

(11)提供新型的客户服务。

(12)提供更好的客户支持。

(13)扩展进入世界市场。

任务一　局域网的组建

任务描述

局域网是同一建筑、同一校园、方圆几千米的地域内的专用网络。局域网通常用来连接公司办公室或企业内部的个人计算机和工作站,以共享软、硬件资源。

组建局域网时要明确：

（1）组建哪种类型的局域网，比如家庭局域网、办公室局域网等。

（2）采用什么样的网络形式，比如有线局域网或是无线局域网。

（3）所需的网络硬件设备。根据前面不同的网络形式，网络设备的使用也有所不同。

（4）采用什么样的网络拓扑结构及传输介质。

（5）如何对局域网内的计算机进行设置和连接。

 相关知识

一、局域网概述

局域网（Local Area Network，LAN）是在一个局部的地理范围内（如一个学校、工厂和机关内），一般是方圆几千米以内，将不同的计算机、外部设备和数据库等互相连接起来组成的计算机通信网。它可以通过数据通信网或者专用数据电路，与其他地方的局域网、数据库或处理中心进行连接，构成一个较大范围的信息处理系统。局域网可以实现打印机共享、扫描仪共享、文件管理、应用软件共享、工作组内的日程安排、电子邮件和传真通信服务等资源共享的功能。严格意义上来讲局域网是封闭型的。它可以由办公室内几台甚至成千上万台计算机组成。决定局域网的主要技术的要素有：网络拓扑，传输介质与介质访问控制方法。

1．局域网的主要特点和应用

1）局域网的主要特点

局域网相较于其他网络平台，尤其是广域网，有着明显的区别，局域网的主要特点如下：

（1）较小的地域范围

局域网的主要目的是为了满足有限范围内的计算机之间的数据交互，其覆盖范围通常在10km 以内，根据这一特点，局域网采用的介质和布线方式，通常都比较经济实用。

（2）高传输速率和低误码率

由于在局域网中的数据传输距离比较短，路由选择少，而传输介质的性能又较好，因此信号的传输速率高、衰减率小、误码率低。目前局域网传输速率一般都在10Mb/s 以上，最高可达 10Gb/s，而其误码率只有 $10^{-8} \sim 10^{-1}$。

（3）面向的用户比较集中

由于局域网的地域范围较小，实际上就决定了使用局域网的用户在地理位置上的分布就比较集中，这也使得局域网便于管理和控制，也易于维护和扩展。

（4）多种传输介质的使用

局域网的传输介质有多种选择，最常使用的有双绞线、同轴电缆、光纤等有线介质，也可以是电磁波、微波、红外线等无线介质。传输介质的多样性使得局域网对于不同环境的适应性很强，用户可以根据不同的环境和应用需求选择不同的传输介质进行网络连接。

2）局域网的应用

根据局域网的以上特点，计算机局域网的应用主要体现在以下几个方面：

（1）资源共享

资源共享是计算机网络最原始也是最基本的用途。在计算机网络初期，共享的资源一般

都是通过建立共享文件夹来实现文件数据共享。随着技术的发展,共享的内容越来越广泛,不仅文件数据可以共享,像打印机、传真机、扫描仪、调制解调器(Modem)等设备都可以通过局域网共享,供网络中的其他用户共用,这样就节省一大笔应用设备投资。

(2)网络通信

在一些大的公司和企业中,由于用户较多,使用传统的联系方式,费时费力。这时,局域网中的邮件系统或者即时通信系统就解决了这方面的问题。对于不需要对方马上回复的信息,可以采取邮件方式联系;对于需要对方马上回复的可以采用即时通信系统与对方联系。

(3)文件集中管理

当今在网络应用的使用过程中,存在着许多隐患,出于安全的考虑,很多单位会要求把工作类的文件都存放在局域网中的某一台服务器上集中管理。一方面便于查看、管理和备份,另一方面也减少了数据丢失、损坏几率,有效地提高了数据安全性。

(4)商务应用

商务应用网络中大都使用数据库系统,例如进销存系统、商务管理系统或者电子商务应用系统等。这些数据库中的数据量非常庞大,其数据支持通常不是由一人来完成的,需要一个部门的多个员工甚至多个部门的员工分工协作。这时就需要依靠局域网来实现数据共享与同步。

(5)远程协助、远程网络维护和管理

通过一些局域网工具软件可以实现远程协助。如 Pc Anywhere、Remotly Anywhere 还有 Windoes XP/Server 2003 系统中的"远程协助"等。还有很多网络工具软件,可以让网络管理员在机房内实现远程用户计算机的维护和远程服务器的管理。局域网的这种应用功能解决了局域网中异地设备的管理问题。

2. 局域网的体系结构概述

局域网的体系结构与互联网的体系结构有类似的地方,但由于其自身的特点,它需要解决的问题相对于互联网要简单。

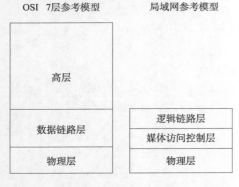

图2-1 局域网参考模型层次与 OSI 七层参考模型层次对位图

按照 IEEE802 标准,局域网的体系结构如图 2-1 所示。它由三层构成,即物理层(Physical,PHY)、媒体访问控制层(Media Access Control,MAC)和逻辑链路控制层(Logical Link Control,LLC)。其中"媒体访问控制层"和"逻辑链路控制层",相当于 OSI 七层参考模型中的第二层,即数据链路层。因此,IEEE802 标准遵循 ISO/OSI 参考模型的原则,解决最低两层(即物理层和数据链路层)的功能以及与网络层的接口服务和网际互联有关的高层功能。

由于局域网是一种通信网,通常采用共享信道技术,并且只有一条链路,因此在局域网中可以不设立单独的网络层。当局限于一个局域网时,物理层和数据链路层就能完成报文分组转发的功能。但当涉及网络互连时,报文分组就必须经过多条链路才能到达目的地,此时就必须专门设置一个层次来完成网络层的功能。在 IEEE802 标准中第三层被称为"网际层",它是由网络操作系

22

统来完成的。

下面主要介绍一下局域网体系结构中各层的组成和主要作用。

1）物理层

局域网体系结构中的物理层和计算机网络 OSI 参考模型中物理层的功能一样，主要处理理链路上传输的比特流。物理层规定了所使用的信号、编码、传输媒体、拓扑结构和传输速率。例如，信号编码采用曼彻斯特编码；传输媒体多为双绞线、同轴电缆和光缆；拓扑结构多采用总线形、星形、树形和环形；传输速率主要为 10Mb/s、100Mb/s 和 1000Mb/s 等。

2）媒体访问控制 MAC 子层

MAC 子层负责介质访问控制机制的实现，也就是处理局域网中各站点对共享通信介质争用问题，不同类型的局域网通常使用不同的介质访问控制协议，另外 MAC 子层还涉及局域网中的物理寻址问题。局域网体系结构中的 LLC 子层和 MAC 子层共同完成类似于 OSI 参考模型中数据链路层的功能，将数据组成帧进行传输，并对数据帧进行顺序控制、差错控制和流量控制，使不可靠的链路变为可靠的链路。

3）逻辑链路控制 LLC 子层

LLC 子层负责屏蔽掉 MAC 子层的不同实现，将其变成统一的 LLC 界面，从而向上层供一致的服务。LLC 子层在 IEEE802.6 标准中定义，为 IEEE802 标准系列共用。在 IEE802 系列标准中规定两种类型的逻辑链路服务：一种是无连接 LLC，另一种是面向连接 LLC。在无连接 LLC 操作中，支持点对点、多点和广播式通信，其链路服务是一种数据服务，信息帧在 LLC 实体间交换，无须在同层对等实体间事先建立逻辑链路；对这种 LLC 帧既不确认，也无任何流量控制或差错恢复。在面向连接 LLC 的操作中，提供服务访问点之间的虚电路服务，在任何信息帧交换前，在 LLC 对等实体间必须建立逻辑链路；在数据传送过程中，信息帧依次发送，并提供差错恢复和流量控制功能。

尽管将局域网的数据链路层分成了 LLC 和 MAC 两个子层，但这两个子层都要参与数据的封装和拆封过程，而不是只由其中某一个子层来完成数据链路层帧的封装及拆封。

二、局域网的基本组成

局域网从大的方面来讲，可分成两大部分：局域网的软件系统和局域网的硬件系统。

1.局域网的软件系统

局域网的软件系统主要包括网络操作系统、工作站系统、网卡驱动系统、网络应用软件、网络管理软件和网络诊断软件。这些软件中的一部分或全部可能被包含在网络操作系统中，也可能作为附加产品提供。

1）网络操作系统

网络操作系统（NOS）运行在服务器上，负责处理工作站的请求，控制网络用户可用的服务程序和设备，控制网络的正常运行。目前常用的网络操作系统（NOS）主要有 NetWare、UNIX、Linux、WindowsServer 等。

2）工作站软件

工作站软件运行在工作站上，处理工作站与网络的通信，与本地操作系统一起工作，有些任务分配给本地系统完成，一些任务交给网络系统完成。

3）网卡驱动程序

网卡驱动程序介于网卡和运行在工作站或服务器上的网络软件之间。网卡驱动程序是网络专用的，通常随网卡或网络操作系统一起提供。

4）网络应用软件

网络应用软件也称网络应用程序，它是专为在网络环境中运行而设计的。网络应用程序的一个文件或目录可以允许多个用户在同一时刻访问，它是网络文件资源共享的基础。

5）网络管理软件

网络管理软件能监测网络上的活动并收集网络性能数据，根据数据提供的信息来微调和改善网络性能。一部分网络管理软件包含在网络操作系统中，但大部分网络管理软件独立了操作系统，需要单独购买。

6）诊断软件

诊断和备份程序可以用来帮助事先发现网络存在的问题和隐患，也可用来及时解决和处理出现的问题，如病毒检测程序、硬盘测试程序、数据备份程序等。

2. 局域网的硬件系统

局域网的硬件系统一般由服务器、用户工作站、网卡、传输介质和数据交换设备五部分组成。

1）服务器

广义地说，服务器是指提供服务的软件或硬件，或者两者的结合体。我们这里所说的服务器是指局域网的服务器，服务器上运行网络操作系统。随着局域网功能的不断增强，按服务器提供的功能不同又可分为文件服务器（File Server）和应用服务器（Application Server）。

文件服务器负责管理网络文件系统、工作站之间的通信，管理网络上的所有资源和用户对资源的使用。文件服务器还提供了对系统资源进行管理的各种应用程序。

应用服务器包括数据库服务器、电子邮件服务器、打印服务器、WWW 服务器、FTP 服务器、通信服务器等。

2）工作站

网络工作站是通过网卡连接到网络上的一台有数据处理能力的计算机。它和与大型主机连接的终端不同，终端只是一种界面，用户所要处理的数据通过终端送到大型主机进行处理，结果再传送回终端。而工作站不同，它本身是一台有处理能力的计算机，用户的所有数据都可在工作站上处理，或到服务器上取数据到工作站来，处理完后再送回服务器，可以由自己的操作系统（OS）独立工作，通过运行工作站网络软件访问服务器共享资源。目前常用的操作系统主要有 UNIX、Linux、Windows 系列。

3）网卡

网卡是网络接口卡 NIC（Network Interface Card）的简称，又称网络适配器，它是物理上连接计算机与网络的硬件设备，是局域网最基本的组成部分之一，可以说是必备的。它插在电脑的主板扩展槽中，通过网线（如双绞线、同轴电缆）与网络共享资源、交换数据。在局域网中，每一台需要联网的计算机都必须配置一块（或多块）网络接口卡。

网卡将计算机连接到网络，将数据打包并处理数据传输与接收的所有细节，这样就得以缓解 CPU 的运算压力，使得数据可以在网络中更快地传输。

（1）网卡的功能

网卡实现了物理层和数据链路层的功能，这些功能包括：

①缓存功能。网卡通常配有一定的数据缓冲区，网卡上固化有控制软件。发送时，先从网络层传来的封装后的数据先暂存到网卡的缓冲区中，然后由网卡装配成帧发送出去。接收时，网卡把收到的帧先存在缓冲区，然后再进行解帧等一系列操作。

②介质访问技术。对于共享介质的局域网，为了防止网络上的多台计算机同时发送数据，并且为了避免因为数据包的冲突而丢失数据，利用介质访问技术进行协调是必要的。不同类型的网卡使用的介质访问控制技术各不相同，例如传统以太网使用的是 CSMA/CD 方法，令牌环网卡使用的是令牌环方法。

③串/并行转换。因为计算机内部是采用并行来传输数据的，而网线上采用的是串行传输，因此，网卡在发送数据时必须把并行数据转换成适合网络介质传输的串行比特流；在接收数据时，网卡必须把串行比特流转换成并行数据。

④帧的封装与解封装。网卡发送数据时，会把从网络层接收到的已被网络层协议封装好的数据帧装配成帧，转换成能在传输介质上传输的比特流；在接收数据时，网卡首先要对收到的帧进行校验，以确保帧的正确性，然后拆包（去掉帧头和帧尾）重组成本地设备可以处理的数据。

⑤数据的编码/解码。计算机生成的二进制数据必须经过编码转换成物理信号后才能在网络传输介质中传输。同样，在接收数据时，必须进行物理信号到二进制数据的解码过程。编码方法是由使用的数据链路层协议来决定的。例如，以太网使用曼彻斯特编码，令牌环网使用差分曼彻斯特编码。

（2）网卡的分类

随着计算机网络技术的飞速发展，为了满足各种应用环境和应用层次的需求，出现了许多不同类型的网卡，网卡的划分标准也因此出现了多样化，下面我们就对目前市面上主流的网卡分类情况进行一下浏览。

①按总线接口类型分。

按网卡的总线接口类型来分一般可分为早期的 ISA 接口网卡、PCI 接口网卡。目前在服务器上 PCI-X 总线接口类型的网卡也开始得到应用，笔记本电脑所使用的网卡是 PCMCIA 接口类型的。

a. ISA 总线网卡。

ISA 总线网卡是早期的一种的接口类型网卡，如图 2-2 所示。在 20 世纪 80 年代末 90 年代初期几乎所有内置板卡都是采用 ISA 总线接口类型，直到 20 世纪 90 年代末期都还有部分这类接口类型的网卡。当然这种总线接口不仅用于网卡，像现在的 PCI 接口一样，当时也普遍应用于包括网卡、显卡、声卡等在内所有内置板卡。

ISA 总线接口由于 I/O 速度较慢，随着 20

图 2-2　ISA 网卡示意图

世纪 90 年代初 PCI 总线技术的出现,很快被淘汰了。目前在市面上基本上看不到有 ISA 总线类型的网卡。不过近期出现一种复古现象,就是在一些品牌的最新的 i865 系列芯片组主板中居然又提供了几条 ISA 插槽。

b. PCI 总线网卡。

PCI 总线类型的网卡在当前的台式机上相当普遍,如图 2-3 所示,也是目前最主流的一种网卡接口类型。因为它的 I/O 速度远比 ISA 总线型的网卡快(ISA 最高仅为 33Mb/s,而目前的 PCI 2.2 标准 32 位的 PCI 接口数据传输速度最高可达 133Mb/s),所以在这种总线技术出现后很快就替代了原来老式的 ISA 总线。它通过网卡所带的两个指示灯颜色初步判断网卡的工作状态。目前能在市面上买到的网卡基本上是这种总线类型的网卡,一般的 PC 机和服务器中也提供了好几个 PCI 总线插槽,基本上可以满足常见 PCI 适配器(包括显示卡、声卡等,不同的产品利用引脚的数量是不同的)安装。目前主流的 PCI 规范有 PCI2.0、PCI2.1 和 PCI2.2 三种,PC 机上用的 32 位 PCI 网卡,三种接口规范的网卡外观基本上差不多(主板上的 PCI 插槽也一样)。服务器上用的 64 位 PCI 网卡外观就与 32 位的有较大差别,主要体现在网卡引脚的长度较长。

图 2-3　PCI 总线类型网卡示意图

c. PCI-X 总线网卡。

这是一种在服务器上使用的网卡类型,它与原来的 PCI 相比在 I/O 速度方面提高了一倍,比 PCI 接口具有更快的数据传输速度(2.0 版本最高可达到 266Mb/s 的传输速率)。目前这种总线类型的网卡在市面上还很少见,主要是由服务器生产厂商随机独家提供,如在 IBM 的 X 系列服务器中就可以见到它的踪影。PCI-X 总线接口的网卡一般 32 位总线宽度,也有的是用 64 位数据宽度的。

但目前因受到 Intel 新总线标准 PCI-Express 的排挤,是否能广泛应用还是未知的,因为由 Intel 提出,由 PCI-SIG(PCI 特殊兴趣组织)颁布的 PCI-Express 无论在速度上,还是结构上都比 PCI-X 总线要强许多。目前 Intel 的 i875P 芯片组已提供对 PCI-Express 总线的支持,这一新的总线接口目前已普遍得到使用,它将取代 PCI 和现行的 AGP 接口,最终实现内部总线接口的统一。

d. PCMCIA 总线网卡。

这种总线类型的网卡是笔记本电脑专用的,它受笔记本电脑的机箱空间限制,体积远不可能像 PCI 接口网卡那么大。随着笔记本电脑的日益普及,这种总线类型的网卡目前在市面上较为常见,很容易找到,而且现在生产这种总线型的网卡的厂商也较原来多了许多。PCMCIA 总线分为两类,一类为 16 位的 PCMCIA,另一类为 32 位的 CardBus。

CardBus 是一种用于笔记本计算机的新的高性能 PC 卡总线接口标准,就像广泛地应用在台式计算机中的 PCI 总线一样。该总线标准与原来的 PC 卡标准相比,具有以下的优势:第一,32 位数据传输和 33MHz 操作。CardBus 快速以太网 PC 卡的最大吞吐量接近 90 Mb/s,而 16 位快速以太网 PC 卡仅能达到 20～30 Mb/s。第二,总线自主。使 PC 卡可以独立于主

CPU,与计算机内存间直接交换数据,这样 CPU 就可以处理其他的任务。第三,3.3V 供电,低功耗。提高了电池的寿命,降低了计算机内部的热扩散,增强了系统的可靠性。第四,后向兼容 16 位的 PC 卡。老式以太网和 Modem 设备的 PC 卡仍然可以插在 CardBus 插槽上使用。

e. USB 接口网卡。

作为一种新型的总线技术,USB(Universal Serial Bus,通用串行总线)已经被广泛应用于鼠标、键盘、打印机、扫描仪、Modem、音箱等各种设备。由于其传输速率远远大于传统的并行口和串行口,设备安装简单并且支持热插拔。USB 设备一旦接入,就能够立即被计算机所识别,并装入所需要的驱动程序,而且不必重新启动系统就可立即投入使用。当不再需要某台设备时,可以随时将其拔除,并可再在该端口上插入另一台新的设备,然后,这台新的设备也同样能够立即得到识别并马上开始工作,所以越来越受到厂商和用户的喜爱。USB 这种通用接口技术不仅在一些外置设备中得到广泛的应用,如 Modem、打印机、数码相机等,在网卡中也不例外。

②按网络接口划分。

除了可以按网卡的总线接口类型划分外,我们还可以按网卡的网络接口类型来划分。网卡最终是要与网络进行连接,所以也就必须有一个接口使网线通过它与其他计算机网络设备连接起来。不同的网络接口适用于不同的网络类型,目前常见的接口主要有以太网的 RJ-45 接口、细同轴电缆的 BNC 接口和粗同轴电缆 AUI 接口、FDDI 接口、ATM 接口等。而且有的网卡为了适用于更广泛的应用环境,提供了两种或多种类型的接口,如有的网卡会同时提供 RJ-45 接口、BNC 接口或 AUI 接口。

a. RJ-45 接口网卡。

这是最为常见的一种网卡,也是应用最广的一种接口类型网卡,这主要得益于双绞线以太网应用的普及。因为这种 RJ-45 接口类型的网卡就是应用于以双绞线为传输介质的以太网中,它的接口类似于常见的电话接口 RJ-11,但 RJ-45 是 8 芯线,而电话线的接口是 4 芯的,通常只接 2 芯线(ISDN 的电话线接 4 芯线)。在网卡上还自带两个状态指示灯,通过这两个指示灯颜色可初步判断网卡的工作状态。

图 2-4 所示的是台式机所用的 PCI 总线类型 RJ-45 以太网卡。笔记本专用的 PCMCIA 总线接口的网卡,因其结构限制,通常不直接提供 RJ-45 接口,而是通过一条转接线来提供的,不过也有一些 PCMCIA 笔记本专用网卡直接提供 RJ-45 以太网卡。

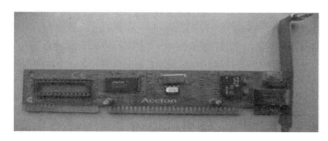

图 2-4 RJ-45 接口网卡示意图

b. BNC 接口网卡。

这种接口网卡对应用于用细同轴电缆为传输介质的以太网或令牌网中,目前这种接口类型的网卡较少见,主要因为用细同轴电缆作为传输介质的网络就比较少。

　　c. AUI 接口网卡。

　　这种接口类型的网卡应用于以粗同轴电缆为传输介质的以太网或令牌网中,目前很少见,因为用粗同轴电缆作为传输介质的网络更少见。

　　d. FDDI 接口网卡。

　　这种接口的网卡是适应于 FDDI 网络中,这种网络具有 100Mb/s 的带宽,但它所使用的传输介质是光纤,所以这种 FDDI 接口网卡的接口也是光模接口的。随着快速以太网的出现,它的速度优越性已不复存在,但它必须采用昂贵的光纤作为传输介质的缺点并没有改变,所以目前也非常少见。

　　e. ATM 接口网卡。

　　这种接口类型的网卡是应用于 ATM 光纤(或双绞线)网络中。它能提供物理的传输速度达 155Mb/s。

　　③按带宽划分。

　　随着网络技术的发展,网络带宽也在不断提高,但是不同带宽的网卡所应用的环境也有所不同,当然价格也完全不一样了,为此我们有必要对网卡的带宽作进一步了解。

　　目前主流的网卡主要有 10Mb/s 网卡、100Mb/s 以太网卡、10Mb/s/100Mb/s 自适应网卡、1000Mb/s 千兆以太网卡四种。

　　a. 10Mb/s 网卡。

　　10Mb/s 网卡主要是比较老式、低档的网卡。它的带宽限制在 10Mb/s,这在当时的 ISA 总线类型的网卡中较为常见,目前 PCI 总线接口类型的网卡中也有一些是 10Mb/s 网卡,不过目前这种网卡已不是主流。这类带宽的网卡仅适应于一些小型局域网或家庭需求,中型以上网络一般不选用,但它的价格比较便宜,一般仅几十元。

　　b. 100Mb/s 网卡。

　　100Mb/s 网卡在目前来说是一种技术比较先进的网卡,它的传输 I/O 带宽可达到 100Mb/s,这种网卡一般用于骨干网络中。目前这种带宽的网卡在市面上已逐渐得到普及,但它的价格稍贵,一些名牌的此带宽网卡一般都要几百元以上。注意一些杂牌的 100Mb/s 网卡不能向下兼容 10Mb/s 网络。

　　c. 10Mb/s/100Mb/s 网卡。

　　这是一种 10Mb/s 和 100Mb/s 两种带宽自适应的网卡,也是应用最为普及的一种网卡类型,最主要因为它能自动适应两种不同带宽的网络需求。它既可以与老式的 10Mb/s 网络设备相连,又可应用于较新的 100Mb/s 网络设备连接,所以得到了用户普遍的认同。这种带宽的网卡会自动根据所用环境选择适当的带宽,如与老式的 10Mb/s 旧设备相连,则它的带宽就是 10Mb/s;而如果是与 100Mb/s 网络设备相连,则它的带宽就是 100Mb/s,仅需简单的配置即可(也有不用配置的)。也就是说它能兼容 10Mb/s 的老式网络设备和新的 100Mb/s 网络设备。

　　d. 1000Mb/s 以太网卡。

　　千兆以太网(Gigabit Ethernet)是一种高速局域网技术,它能够在铜线上提供 1Gb/s 的带宽。与它对应的网卡就是千兆网卡了,同理这类网卡的带宽也可达到 1Gb/s。千兆网卡的网络接口也有两种主要类型,一种是普通的双绞线 RJ-45 接口,另一种是多模 SC 型标准光纤接口。

④按网卡应用领域来分。

如果根据网卡所应用的计算机类型来分,可以将网卡分为应用于工作站的网卡和应用于服务器的网卡。前面所介绍的基本上都是工作站网卡,这些其实通常也应用于普通的服务器上。但是在大型网络中,服务器通常采用专门的网卡。它相对于工作站所用的普通网卡来说在带宽(通常在100Mb/s以上,主流的服务器网卡都为64位千兆网卡)、接口数量、稳定性、纠错等方面都有比较明显的提高。还有的服务器网卡支持冗余备份、热插拔等服务器专用功能。

（3）网卡的物理地址

每一块网卡在出厂时都被分配了一个唯一的地址标识,该标识被称为网卡地址或MAC地址。由于该地址是固化在网卡上的,所以又称为物理地址或硬件地址。网卡地址由48位长度的二进制数组成。为了保证MAC地址不会重复,由IEEE作为MAC地址的法定管理机构,它负责将地址字段的前3个字节(高24位)统一分配给厂商,而低24位则由厂商分配。若采用12位的十六进制数表示,则前6个十六进制数表示厂商,后6个十六进制数表示该厂商网卡产品的序列号。如网卡地址00-90-27—99-11-dd,其中前6个十六进制数表示该网卡是由Intel公司生产,相应的网卡序列号为99-11-dd。网卡地址主要用于设备的物理寻址,网初始化后,该网卡的MAC将载入设备的RAM中。例如,执行DOS命令ipconfig/all可获知无线网卡的MAC地址和本机网卡的MAC地址,如图2-5所示,无线网卡的物理地址为:74-E5-0B-A6-1D-3E,本机网卡的物理地F0-DE-F1-D8-0C-7A。

图2-5　执行DOS命令ipconfig/all后可查看的网卡物理地址示意图

（4）传输介质

目前常用的传输介质有双绞线、同轴电缆和光纤等有线传输介质,另外还有电磁波、微波和红外线等无线传输介质。传输介质的选择与网卡、传输速率、传输距离等有很大的关系。

（5）数据交换设备

集线器的作用就是汇集每个端口的数据,并将一个端口的数据传递到另一个端口,每个端口都可接收数据。由于集线器是点对点的操作,因此,一个工作站出了故障并不影响整个网络。

交换机是一种带交换功能的集线器。除了具有集线器的功能外,还可以将高速率交换为低速率并具有网络带宽重新分配的功能。

在局域网中,若采用总线型结构,则不需要集线器和交换机。若采用星形结构,则必须用集线器或交换机。

三、局域网的主要技术

决定局域网特征的主要技术有三个,分别是:网络拓扑、传输介质和介质访问控制方法。这三种技术决定了传输数据的类型、网络的响应时间、吞吐量、利用率以及网络应用等各种网络特征,它们也被称为决定局域网性能的三要素。

1. 局域网常用拓扑结构及特点

由于局域网的设计目标是覆盖一个"有限地理范围"的网络,因此它与广域网的基本通信机制有很大的区别。主要的网络拓扑结构有:总线型、环型和星型三种。详见项目一中计算机网络的分类相关内容。

2. 介质访问控制方法

局域网多采用公共传输介质,如何控制多个结点利用公共传输介质发送和接收数据,就成为"共享介质"局域网必须解决的问题。解决这一问题的方法,就称为介质访问控制方法。

IEEE802.2 标准定义的共享介质局域网有以下 3 类。

（1）带冲突检测的载波监听多路访问（CSMA/CD）方法的总线型局域网。

（2）令牌总线（Token Bus）方法的总线型局域网。

（3）令牌环（Token Ring）方法的环形局域网。

下面对于这些局域网中常用的介质访问控制方法进行简要介绍。

1）CSMA/CD 介质访问控制方法

在总线型局域网中,同一时间,只允许一台计算机发送数据,否则各计算机之间就会相互干扰,致使所有计算机都无法发送数据。CSMA/CD 介质访问控制方法能够解决这一问题。CSMA/CD 是"载波监听""多路访问""冲突检测"的缩写。其中,"载波监听"就是"发送前先监听",每个结点在发送数据之前要先监听总线,检查是否有其他结点在发送数据,如果有,则不发送数据,直到信道空闲再发送数据;"多路访问"是指这是总线型网络,许多计算机连接在一根总线上,都可以访问这根总线;"冲突检测"是指"边发送边监听",结点边发送数据边检测信道上是否有其他结点正在发送数据,如果检测到总线上至少有两个结点同时在发送数据,表明发生了冲突,这时结点就会停止发送数据,避免继续浪费网络资源,然后等待一段随机时间后再次发送。

之所以在"载波监听"后又进行"冲突检测",是为了避免监听过程受信号在线路上产生的传播延迟的影响而出现错误判断。结点在监听时发现信道空闲时,信道并不一定是真的空闲,可能只是其他结点已发出的信号还未到达监听位置而已。基于上述基本原理,CSMA/CD 介质访问控制方法的要点如下。

(1)结点的适配器从网络层获得一个分组,封装成帧后放入网络适配器缓存中,准备发送。

(2)若结点的适配器检测到信道空闲,就发送这个帧。若检测到信道忙,则继续检测并等待信道转为空闲,然后发送这个帧。

(3)在发送过程中检测信道,若一直未检测到冲突,就顺利把这个帧成功发送完毕,若检测到冲突,则终止数据的发送,并发送人为干扰信号。

(4)在终止发送后,适配器就执行退避算法,等待一定随机的时间后,返回步骤(2)。通过这种访问控制方法,可以保证数据正常进行发送和接收。

由于在采用 CSMA/CD 介质访问控制方法的局域网中,结点发送数据所需要的时间是不能确定的,因此不适合于传输实时数据。

2)令牌环(Token Ring)

令牌环介质访问控制协议 IEEE802.5 是在 IBM 公司提出的标记环规范基础上确定的一种局域网标准。它提供 1Mb/s、4Mb/s、16Mb/s 的传输速率,不限定使用特定的传输介质和特定的拓扑结构,其传输介质可以是同轴电缆、双绞线、光缆等,拓扑结构可采用环形、星形等多种形式。

令牌环介质访问控制工作原理如图 2-6 所示:在令牌环网络环境中使用一个单向令牌帧作为网络传送数据的"令牌",当网络中的某个结点 A 需要发送数据时,应先取得该"令牌",然后再发送数据,此时,其他结点将无法获得"令牌",因此即便其他结点需要发送数据,也无法发送,直到结点 A 数据发送完毕,释放"令牌"后,其他结点才能够截获"令牌"并发送数据。

令牌环介质访问控制方法是一种确定型的介质访问控制方法,不会出现信号冲突。这种介质访问控制方法,在网络负载较轻时,由于存在等待令牌的时间,因此效率较低,而在重负载时,对各结点比较公平,效率高。

采用令牌环的局域网还可以对各结点设置不同的优先级,具有高优先级的结点可以先发送数据。

3)令牌总线(Token Bus)

令牌总线访问控制方法是在物理总线上建立一个逻辑环,使得局域网具有两种拓扑结构,即物理连接的拓扑结构和逻辑连接的拓扑结构。在物理连接上它仍然是总线型的局域网,而在逻辑连接上,则成为一个环形的局域网,每个结点被赋予的逻辑位置与其物理位置无关,如图 2-7 所示。

在数据发送方面,从物理角度看,结点是将数据广播到总线上,总线上所有的结点都可以监测到数据,并对数据进行识别,但只有目的结点才可以接收处理数据;从逻辑连接看,和令牌环一样,结点只有取得令牌才能发送帧,令牌在逻辑环上依次传递,在正常情况下,当某个结点获得令牌后,其他结点由于没有令牌而无法发送数据,当该结点发送完数据后,就要将令牌传送给下一个结点,以便其他结点发送数据。

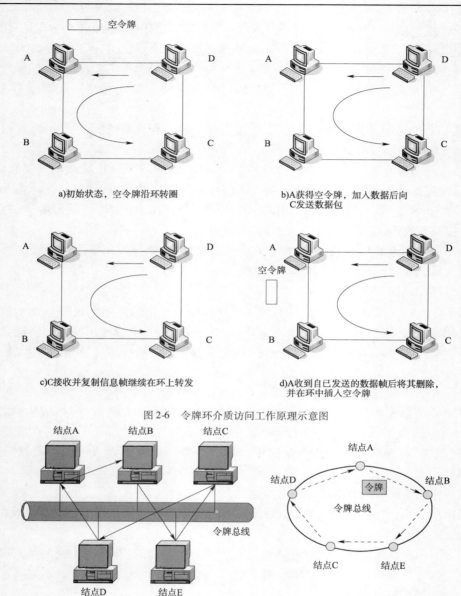

a)初始状态,空令牌沿环转圈

b)A获得空令牌,加入数据后向 C发送数据包

c)C接收并复制信息帧继续在环上转发

d)A收到自己发送的数据帧后将其删除, 并在环中插入空令牌

图 2-6　令牌环介质访问工作原理示意图

图 2-7　令牌总线介质访问工作原理示意图

　　令牌总线与令牌环相似,适宜用于重负载的网络中,而且数据传送时间确定。但其网络管理较为复杂,网络必须有初始化的功能,设置每个结点的逻辑位置,以生成一个顺序访问的次序。另外,还应具有补充丢失令牌、向环中加入新结点以及从环中删除不工作的结点等功能,这些都大大增加了令牌总线访问控制的复杂性。

四、局域网组网技术

1. 传统以太网

1)传统以太网的发展

20 世纪 70 年代初期,欧美的一些大学和研究所已经开始研究局域网技术。到 20 世纪 80 年代,局域网领域出现了以太网(Ethernet)、令牌总线、令牌环三足鼎立的局面,并且形成了各自的国际标准。到 20 世纪 90 年代,Ethernet 开始受到业界认可和广泛应用。21 世纪 Ethernet 技术已经成为局域网领域的主要技术。现在局域网广泛使用 Ethernet 技术,以太网几乎成为局域网的代名词。

早期的 Ethernet 使用同轴电缆作为传输介质,造价较高,到 1990 年,IEEE802.3 标准中的物理层标准 10BASE-T 的推出,使普通双绞线成为 10Mb/s 的 Ethernet 的传输介质,大大降低了组网造价,提高了性价比。Ethernet 协议的开放性,使它得到了很多集成电路制造商、软件厂商的支持,出现了多种实现 Ethernet 算法的超大规模集成电路芯片。操作系统 NetWare、Windows NT Server、IBM LAN server 以及 UNIX 操作系统的使用,使 Ethernet 技术进入成熟阶段。基于传统 Ethernet、交换式 Ethernet、虚拟局域网与局域网互联技术的研究与发展,使 Ethernet 得到更为广泛的应用。

以太网是美国施乐(Xerox)公司的户 a10Alto 研究中心于 1975 年研制成功的。目前的以太网标准有两个。1980 年 9 月,DEC 公司、Intel 公司和施乐公司联合提出了 10Mb/s 以太网规约的第一个版本 DIXEthernet V1。1982 年又修改为第二版规约,即 DIXEthernet V2,成为世界上第一个局域网产品的规约。在此基础上,IEEE802 委员会的 802.3 工作组于 1983 年制定了 IEEE 的以太网标准 IEEE802.3,数据传输速率为 10Mb/s。以太网的两个标准 DIXEthernet V2 和 IEEE802.3 只有很小的差别。

2)IEEE802.3 的四种规范

传统以太网标准 IEEE802.3 中存在四种规范,分别是 10Base-2、10Base-5、10Base-T 和 10Base-F,其中名称首部的 10 表示数据率为 10Mb/s,Base 表示使用基带信号,在编码时均使用曼彻斯特编码,结尾数字表示段最大长度(百米)。

10Base-2 技术以细同轴电缆为传输介质,2 表示最大传输距离 185m(近似 200m),网段上的站点数不能超过 30 个,拓扑结构为总线型。

10Base-5 技术以粗同轴电缆为传输介质,5 表示最大传输距离不超过 500m,网段上的站点数不能超过 100 个,拓扑结构为总线型。

10Base-T 技术以非屏蔽双绞线为传输介质,并且使用集线器作为连接设备。T 表示采用双绞线,最大长度 100m。拓扑结构为星型。

10Base-F 是传输在光纤电缆上的以太网。10Base-F 包括 10Base-FL、10Base-FB 和 10Base-FP,他们被定义在 IEEE802.3j 规范中。

3)以太网的实现方法

构成以太网网络连接的设备包括网卡(适配器)、收发器和收发器电缆,主要实现了帧装配、信号发送和接收、曼彻斯特编码和解码、以太网数据链路控制等功能。图 2-8 给出了典型的以太网的实现方法,覆盖了 IEEE802.3 标准的 MAC 子层和物理层。

以太网收发器用于实现结点与同轴电缆的电信号连接,完成数据的发送与接收和冲突检测功能。收发器电缆用于完成收发器与网卡的信号连接。同时,收发器又可以方便地起到结点故障隔离的作用。如果结点计算机出现故障,收发器可以将结点与总线隔离。

网卡一端通过收发器与传输介质链接,另一端通过主机接口电路与主机连接。网卡的作用是实现发送数据的编码、接收数据的编码、FCS 产生与校验、帧封装与拆封以及 CSMA/CD 介质访问控制等功能。

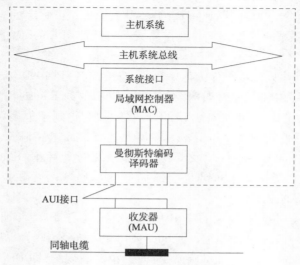

图 2-8 以太网实现方法示意图

实际的网卡均采用可以实现介质访问控制、CRC 校验、曼彻斯特编码与解码、收发器与冲突检测功能的专用 VLSI 芯片,也就是说在实际的网卡中是包含了收发器的。

2. 高速以太网

速率达到或超过 100Mb/s 的以太网称为高速以太网。分两类:由共享型集线器组成的共享型高速以太网系统和有高速以太网交换机构成的交换性高速以太网系统。

在过去的 20 年中,计算机的处理速度提高了百万倍,网络的数据传输速率提高了上千倍。从理论上来说,一台微型计算机能产生大约 250Mb 的流量,如果以太网仍保持 10Mb/s 的传输速率,显然是不能够适应的。因此出现了传输速率更高的以太网,将速率达到或超过 100Mb/s 的局域网称为高速以太网。

1)快速以太网

快速以太网的传输速率是普通以太网的 10 倍,数据传输速率达到 100Mb/s,但是它保留着传统 10Mb/s 以太网的基本特征,采用相同的帧格式、介质访问控制方法与组网方法,只是将每位的发送时间由 100ns 降低到了 10ns,1995 年 9 月,IEEE802 委员会正式批准快速以太网标准——IEEE802.3u。

快速以太网使用交换式集线器提供很好的服务质量,可在全双工方式下工作而无冲突发生。因此 CSMA/CD 协议对全双工方式工作的快速以太网是不起作用的(但是半双工方式工作时则一定使用 CSMA/CD 协议)。

IEEE802.3u 标准未包括对同轴电缆的支持,因此想从细缆以太网升级到快速以太网的用户必须重新布线。现在的 10/100Mb/s 以太网都是使用无屏蔽双绞线布线。

快速以太网新标准还规定了以下三种不同的物理层标准。

(1)100BASE-TX:使用两对 UTP5 类线或屏蔽双绞线 STP,其中一对用于发送,另一对用于接收。

（2）100BASE-FX：使用两根光纤，其中一根用于发送，另一根用于接收，主要用于高速主干网，从结点到集线器的距离可以达到 2km，是一种全双工系统。

（3）100BASE-4，使用 4 对 UTP3 类线或 5 类线，其中 3 对用于数据传输，1 对用于冲突检测。

2）千兆以太网

1996 年千兆以太网产品问世，1997 年 IEEE 通过了千兆以太网的标准 802.3z。该标准在 1998 年成为正式标准。

千兆以太网标准 IEEE802.3z 仍然使用 IEEE802.3 协议规定的帧格式，允许 1Gb/s 下全双工和半双工两种工作方式，在半双工方式下使用 CSMA/CD 协议，并且与传统以太网和快速以太网技术向后兼容。

千兆以太网可以为现在网络的主干网，也可以在高带宽的应用场合中用来连接工作站和服务器。其物理层共有以下四种标准：

（1）1000BASE-T：使用 4 对 5 类非屏蔽双绞线，传输距离可以达到 100m。

（2）1000BASE-CX：CX 表示铜线。使用屏蔽双绞线，传输距离可以达到 25m。

（3）1000BASE-LX：IX 表示长波长，使用波长为 1300m 的单模光纤，光纤长度可以边到 300m。

（4）1000BASE-SX：SX 表示短波长，使用波长为 850nm 的多模光纤，光纤长度可以达到 300～500m。

3. 交换式以太网

交换式以太网是以交换式集线器（switching hub）或交换机（switch）为中心构成，是一种星型拓扑结构的网络。它是交换机为核心设备而建立起来的一种高速网络，这种网络在近几年运用的非常广泛。

4. 虚拟局域网

虚拟局域网（VLAN）是一组逻辑上的设备和用户，这些设备和用户并不受物理位置的限制，可以根据功能、部门及应用等因素将它们组织起来，相互之间的通信就好像它们在同一个网段中一样，由此得名虚拟局域网。VLAN 是一种比较新的技术，工作在 OSI 参考模型的第 2 层和第 3 层，一个 VLAN 就是一个广播域，VLAN 之间的通信是通过第 3 层的路由器来完成的。与传统的局域网技术相比较，VLAN 技术更加灵活，它具有以下优点：网络设备的移动、添加和修改的管理开销减少；可以控制广播活动；可提高网络的安全性。

5. 无线局域网

无线局域网络（Wireless Local Area Networks，WLAN）是一种相当便利的数据传输系统，它利用射频（Radio Frequencys，RF）技术，用电磁波取代双绞铜线（Coaxial）构成局域网络，在空中进行通信连接，使得无线局域网络能利用简单的存取架构让用户通过它，实现"信息随身化、便利走天下"的理想境界。

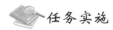
任务实施

实训 2-1 无线局域网的组建

无线局域网的发展迅猛，它是当前数据通信领域发展最快的产业之一。因其具有灵活性、可移动性及较低的投资成本等优势,无线局域网解决方案作为传统有线局域网络的补充和扩展,获得了家庭网络用户、中小型办公室用户、广大企业用户及电信运营商的青睐,得到了快速的应用。然而在整个无线局域网中,却有着种种问题困扰着广大个人用户和企业用户。首先是该如何去组建无线局域网,这也是无线局域网中最基本的问题之一。具体来分,组建无线局域网包括组建家庭无线局域网和组建企业无线局域网。下面就来介绍如何组建家庭无线局域网。

尽管现在很多家庭用户都曾选择了有线的方式来组建局域网,但由于室内布线具有影响房间的整体设计,而且也不美观等缺点。组建家庭无线局域网不仅可以减少布设线路,在实现有线网络所有功能的同时,还可以实现无线共享上网。凭借着这种优势,越来越多的家庭用户开始采用无线局域网。然而,组建无线局域网对于新手来说一定会遇到很多问题。下面就介绍如何组建一个拥有两台电脑(台式机)的家庭无线局域网。

1. 选择组网方式

家庭无线局域网的组网方式和有线局域网有一些区别,最简单、最便捷的方式就是选择对等网,即是以无线接入点(AP)或无线路由器为中心(传统有线局域网使用集线器或交换机),其他计算机通过无线网卡、无线 AP 或无线路由器进行通信。

该组网方式具有安装方便、扩充性强、故障易排除等特点。另外,还有一种对等网方式不通过无线 AP 或无线路由器,直接通过无线网卡来实现数据传输。不过,对计算机之间的距离、网络设置要求较高,相对麻烦。

2. 硬件安装

下面就以 TP-LINK TL-WR245 1.0 无线宽带路由器、TP-LINK TL-WN250 2.2 无线网卡(PCI 接口)为例说明具体的安装步骤:关闭电脑,打开主机箱,将无线网卡插入主板闲置的 PCI 插槽中,重新启动。在重新进入 Windows 系统后,系统提示"发现新硬件"并试图自动安装网卡驱动程序,并会打开"找到新的硬件向导"对话框让用户进行手工安装。单击"自动安装软件"选项,将随网卡附带的驱动程序盘插入光驱,并单击"下一步"按钮,进行驱动程序的安装。安装完成后单击"完成"按钮。打开"设备管理器"对话框就会看到"网络适配器"中已经有了安装的无线网卡。在成功安装无线网卡之后,在 Windows XP 系统任务栏中会出现一个连接图标(在"网络连接"窗口中还会增加"无线网络连接"图标),右键单击该图标,选择"查看可用的无线连接"命令,在出现的对话框中会显示搜索到的可用无线网络,选中该网络,单击"连接"按钮即可连接到该无线网络。

接着,在室内选择一个合适位置摆放无线路由器,接通电源即可。为了保证以后能无线上网,需要摆放在离 Internet 网络入口比较近的地方。另外,我们需要注意无线路由器与安装了无线网卡计算机之间的距离,因为无线信号会受到距离、穿墙等性能影响,距离过长会影响接收信号和数据传输速度,最好保证在 30m 以内。

3. 设置网络环境

安装好硬件后,还需要分别对无线 AP 或无线路由器以及对应的无线客户端进行设置。

1)设置无线路由器

在配置无线路由器之前,首先要认真阅读随产品附送的《用户手册》,从中了解到默认的管理 IP 地址以及访问密码。例如,我们这款无线路由器默认的管理 IP 地址为 192.168.1.1,访问密码为 admin。连接到无线网络后,打开 IE 浏览器,在地址框中输入 192.168.1.1,再输入登录用户名和密码(用户名默认为空),单击"确定"按钮打开路由器设置页面。然后在左侧窗口单击"基本设置"链接,在右侧的窗口中设置 IP 地址,默认为 192.168.1.1;在"无线设置"选项组中保证选择"允许",在"SSID"选项中可以设置无线局域网的名称,在"频道"选项中选择默认的数字即可;在"WEP"选项中可以选择是否启用密钥,默认选择禁用。

提示:SSID 即 Service Set Identifier,也可以缩写为 ESSID,表示无线 AP 或无线路由的标识字符,其实就是无线局域网的名称。该标识主要用来区分不同的无线网络,最多可以由 32 个字符组成,例如 wireless。

我们使用的这款无线宽带路由器支持 DHCP 服务器功能,通过 DHCP 服务器可以自动给无线局域网中的所有计算机自动分配 IP 地址,这样就不需要手动设置 IP 地址,从而避免出现 IP 地址冲突。具体的设置方法如下:同样,打开路由器设置页面,在左侧窗口中单击"DHCP 设置"链接,然后在右侧窗口中的"动态 IP 地址"选项中选择"允许"选项,表示为局域网启用 DHCP 服务器。默认情况下"起始 IP 地址"为 192.168.1.100,这样第一台连接到无线网络的计算机 IP 地址为 192.168.1.100、第二台是 192.168.1.101……还可以手动更改起始 IP 地址最后的数字,设定用户数(默认 50)。最后单击"应用"按钮。

提示:通过启用无线路由器的 DHCP 服务器功能,在无线局域网中任何一台计算机的 IP 地址就需要设置为自动获取 IP 地址,让 DHCP 服务器自动分配 IP 地址。

2)无线客户端设置

设置完无线路由器后,下面还需要对安装了无线网卡的客户端进行设置。

在客户端计算机中,右键单击系统任务栏无线连接图标,选择"查看可用的无线连接"命令,在打开的对话框中单击"高级"按钮,在打开的对话框中单击"无线网络配置"选项卡,单击"高级"按钮,在出现的对话框中选择"仅访问点(结构)网络"或"任何可用的网络(首选访问点)"选项,单击"关闭"按钮即可。

提示:在 Windows 98/2000 系统中不能进行无线网卡的配置,所以在安装完无线网卡后还需要安装随网卡附带的客户端软件,通过该软件来配置网络。

另外,为了保证无线局域网中的计算机顺利实现共享、进行互访,应该统一局域网中的所有计算机的工作组名称。

右键单击"我的电脑",选择"属性"命令,打开"系统属性"对话框。单击"计算机名"选项卡,单击"更改"按钮,在出现的对话框中输入新的计算机名和工作组名称,输入完毕单击"确定"按钮。

注意:网络环境中,必须保证工作组名称相同,例如,Workgroup,而每台计算机名则可以不同。

重新启动计算机后,打开"网上邻居",单击"网络任务"任务窗格中的"查看工作组计算机"链接就可以看到无线局域网中的其他计算机名称了。以后,还可以在每一台计算机中设置共享文件夹,实现无线局域网中的文件的共享;设置共享打印机和传真机,实现无线局域网中的共享打印和传真等操作。

实训 2-2　局域网的简单应用——打印机共享

共享打印是指打印机在局域网内被设置为共享后其他用户通过一个确切的地址找到这台共享的打印机,就能够进行打印。实现共享打印的操作大体分为两步,第一步如何实现打印机共享;第二步,如何寻找共享的打印机,并实现打印作业。

要实现共享打印,与共享打印机相连的计算机和使用共享打印机的计算机应在同一个局域网内,同时该局域网是畅通的。

1. 设置共享打印机

(1)首先,确认与共享打印机相连的处于开机状态,而且已经安装过打印机驱动程序,并且可实现正常打印。关于驱动安装在这里就不讲述了。(本次实际操作的两台计算机使用的均为 Windows XP 专业版操作系统)

(2)共享打印机实际操作。我们以佳能 PIXMA MP145 多功能一体机(隶属于 Canon MP140 系列中的一款)为例说明,这是一款不具备网络功能的一体机,但是,通过连接一台计算机后,然后做相应的设置后能实现共享打印。

①在计算机控制面板中寻找打印机和传真机(图 2-9),出现如图 2-10 所示的界面。

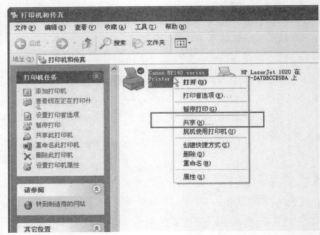

图　2-9　　　　　　　　　　　　　　　图　2-10

②在图 2-10 中,鼠标右键单击所要共享的打印机——Canon MP140 series printer,然后鼠标左键单击"共享",然后弹出如图 2-11 所示的界面。

③在图 2-11 中,单击"共享这台打印机",并起一个共享名"lichaoMP140",然后单击"确定"按键,图 2-11 所示的界面会自动退出。

④于是,图 2-12 所示的打印机图标比之前多出一个"小手"标志,这表明共享功能开启,这台打印机已经可以在局域网内被其他用户所使用。

2. 如何查找共享的打印机

当把佳能 PIXMA MP145 共享到局域网上之后,在同一个局域网内的所有用户都可以找到这台设备,并实现打印作业,具体操作如下。

(1)单击"开始→运行"(图 2-13),然后弹出如图 2-14 所示的"运行"对话框。

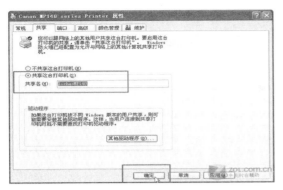

图　2-11

图　2-12

图　2-13

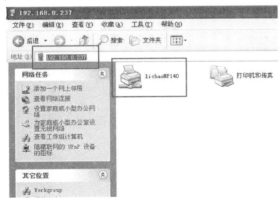

图　2-14

（2）在"运行"对话框内键入连接打印设备的那台计算机在局域网内的IP地址"\\192.168.0.237"（图2-18）（如何获取电脑IP地址见下文），找到共享在局域网内的打印设备（图2-15）。

（3）测试共享打印（图2-16）：在弹出的对话框（图2-17）中出现了共享的佳能打印设备（还带有IP地址：192.168.0.237）后单击"打印"，打印结果如图2-18所示。

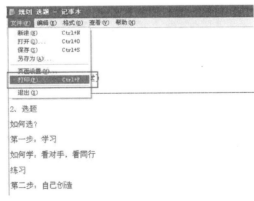

图　2-15

图　2-16

3.如何获取计算机的IP地址

获取和打印设备相连的那台计算机IP地址的操作步骤如下。

在系统命令行中键入"cmd"，按回车键；然后在弹出界面内键入"ipconfig"，按回车就可看到IP地址，如图2-19所示。

图 2-17　　　　　　　　　　　　　图 2-18　通过远程操作实现了共享打印

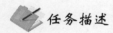

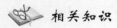

图　2-19

任务二　识别常见网络设备

任务描述

本任务主要讲解网络互联的基本概念（网络互连的必要性、网络互连类型、网络互连层次）及网络互连所用到的设备，包括网卡、中继器、集线器、网桥、交换机、路由器、网关等。不同的网络互联设备工作在不同的层次，实现不同层次的网络互联。

相关知识

一、网络互连的基本概念

1. 网络互连的必要性

随着无纸化办公、电子商务、全球化电子邮件服务平台、共享信息查询等服务需求的迅速增长，以往为一个企业、一个地区所专用的局域网必然需要进行跨部门、跨地区直至全球化的网络互连，这也是局域网技术与应用发展的必然结果。

目前，人们在计算机网络中所采用的通信手段多种多样，如采用通信卫星、无线电、红外线等不同技术手段的数据传输技术。在现代通信技术高速发展的今天,还将出现新的通信网络类型。为了节省投资,有效发挥已有的网络作用,各种通信类型的网络必然将长期共存,共同发展。对于一个规模较大的网络而言,如果将其分割成若干较小的网络,当每个小网络的内部通信量明显高于网络间通信量时,则整个网络的性能将比原来的大网络要好。同时,把一个大的网络分成较小的网络,还将有利于网络故障的隔离、提高可靠性,从而明显提高网络的可维护性,也有利于提高大网络内部各个区域的安全保密性能。虽然国际标准化组织制定了 OSI 国际标准的网络体系结构,但仍然存在大量非 OSI 的体系结构,如互联网的 TCP/IP 体系结构,并且这些异构型网络将继续共存下去,从而就需要网络互连技术将这些异构型的网络互连起来,以实现更大范围的网络通信和资源共享。

2. 网络互连的概念

网络互连是指将分布在不同地理位置的网络、设备连接起来,以构成更大规模的网络,最大程度上实现网络资源的共享和数据通信。互连的网络和设备可以是同种类型的网络、不同类型的网络,以及运行不同网络协议的设备与系统。随着人们对信息处理需求的不断增长,为了在更大的范围内充分共享人类所共同创造的信息资源,有必要将现有的各类计算机网络进行互连。

3. 网络互连的类型

由于网络按照覆盖范围可以划分为局域网、城域网和广域网,因此网络的互连也涉及局域网、城域网和广域网之间的互连。网络互连主要有以下三种类型。

1)局域网—局域网(LAN-LAN)互连

一般以下三种情况可能需要局域网—局域网互连。

(1)一般局域网的建网初期网络结点较少,相应的数据通信量也较少,但随着业务的发展,结点的数目不断增加,当一个网络上的通信量达到极限时,网络的通信效率会急剧下降。为了克服这种问题可以增设网段、划分子网,这就需要将两个或多个局域网互连起来。

(2)一般在一幢大楼的每个楼层上都有一个或多个局域网,各个楼层之间需要用数据速率更高的骨干局域网络将它们连接起来。

(3)在多个分布距离不远的建筑物之间也需要将各个建筑物内的局域网互连起来,如校园网、企业网等。

根据局域网使用的协议不同,局域网—局域网互连可以分为以下两类。

(1)同构网互连:具有相同协议的局域网互连称为同构网的互连。例如,两个以太网的互连就属于同构网的互连,因为它们使用相同的协议,相对来说同构网的互连比较简单。

(2)异构网互连:具有两种不同协议的局域网互连称为异构网互连。例如,一个以太网与一个令牌环网的互连。由于它们使用不同的协议,所以异构网的互连比较复杂。

2)局域网—广域网(LAN-WAN)互连

局域网—广域网互连是为了进一步扩大数据通信网络的连通范围,可以使不同单位或机构的局域网连入范围更大的网络体系中,其扩大的范围可以超越城市、国界或洲界从而形成世界范围的数据通信网络。例如,将某校园网接入互联网。另外,通过局域网—广域网—局域网的连接,还可以将分布在不同地理位置上的局域网进行互连。例如,某企业全国各大城市都有分公司,各分公司都有自己的局域网,可以通过互联网或其他广域网将分布在全国的各分公司的局域网连接起来。

3）广域网—广域网（WAN-WAN）互连

广域网与广域网互连一般在政府的电信部门或国际组织间进行。它主要是将不同地区的网络互连以构成更大规模的网络，例如，全国范围内的公共电话交换网与数字数据网的互连。

4. 网络互连的层次

网络互连从通信协议的角度来看可以分成 4 个层次，如图 2-20 所示。

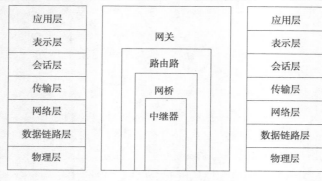

图 2-20　网络互连层次示意图

1）物理层互连

在不同的电缆段之间复制位信号是物理层互连的基本要求。物理层的连接设备主要是中继器，也可以使用集线器。中继器是最底层的物理设备，用于在局域网中连接几个网段，只起简单的信号放大作用，用于延伸局域网的长度。严格地说，中继器是网段连接设备而不是网络互连设备。集线器是一种特殊的中继器，可作为多个网段的连接设备，随着集线器等互连设备的功能拓展，中继器的使用正在逐渐减少。物理层的互连如图 2-21 所示。

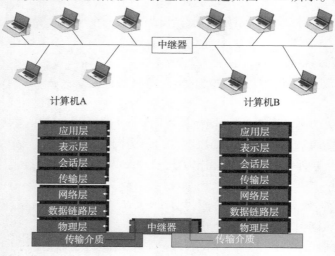

图 2-21　物理层互连示意图

2）数据链路层互连

数据链路层互连要解决的问题是在网络之间存储转发数据帧。互连的主要设备是网桥，也可以使用二层交换机，它与网桥的工作原理相同。网桥在网络互连中起到数据接收、地址过滤与数据转发的作用，它用来实现多个网络系统之间的数据交换。用网桥实现数据链路层互连时，允许互连网络的数据链路层与物理层协议是相同的，也可以是不同的。数据链路层互连如图 2-22 所示。

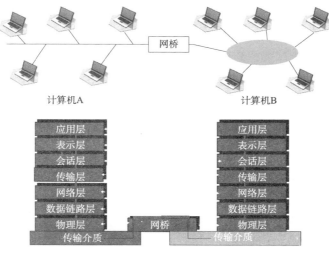

图 2-22　数据链路层互连示意图

3）网络层互连

网络层互连要解决的问题是在不同的网络之间存储转发分组。互连的主要设备是路由器，也可以使用三层交换机。网络层互连包括路由选择、拥塞控制、差错处理与分段技术等。如果网络层协议相同，则互连主要是解决路由选择问题。如果网络层协议不同，则需使用多协议路由器。用路由器实现网络层互连时，允许互连网络的网络层及以下各层协议是相同的，也可以是不同的。网络层互连如图 2-23 所示。

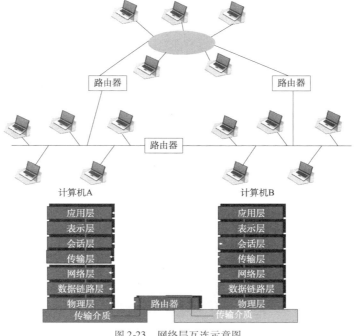

图 2-23　网络层互连示意图

4）高层互连

传输层及以上各层协议不同的网络之间的互连属于高层互连。实现高层互连的设备主要是网关,有时也可以使用多层交换机。高层互连使用的网关很多是应用层网关,通常简称应用网关。如果使用应用网关来实现两个网络高层互连,那么允许两个网络的应用层及以下各层网络协议是不同的。使用网关实现的高层互连如图2-24所示。

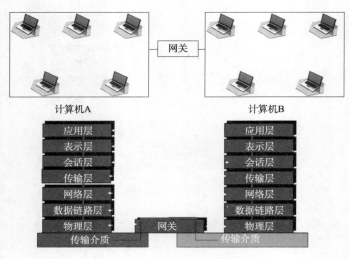

图2-24　高层互连示意图

一般来说,参与互连的网络差异越大,需要协议的转换工作也越复杂,互连设备也变得越复杂。中继器是最简单的局域网网段互连设备,它只能实现相同类型的局域网的互连。网关是最复杂的互连设备,它可以实现体系结构完全不同的网络互连。互连的网络可以是同种类型的网络或不同类型的网络以及运行不同网络协议的设备与系统。在互连网络中,每个网络中的网络资源都应成为互联网中的资源。

二、网络互连设备

认识常见的网络设备,可以先通过参观学校的机房进行校园网整体架构的认知,然后在实训室进行各种网络设备及传输介质的认知并了解各种设备的用途和互连方式。

1. 网络设备

1）服务器

服务器(Server)是一种高性能计算机,是整个网络系统的核心,它通过运行网络操作系统及在网络环境下运行相应的应用软件,为网络用户提供共享信息资源和各种服务并管理整个网络。随着局域网功能的不断增强,根据服务器在网络中所承担的任务和所提供的功能不同把服务器分为文件服务器、打印服务器和通信服务器等。服务器与工作站的连接模式如图2-25所示。

（1）文件服务器:能将大量的磁盘存储空间划分给网络上的合法用户使用,并接收客户机提出的文件存取和数据处理请求。在局域网中,一般最常用的是文件服务器。

（2）打印服务器:接收客户机提出的打印要求,完成相应的打印服务。

（3）通信服务器:负责局域网与局域网之间的通信连接功能。

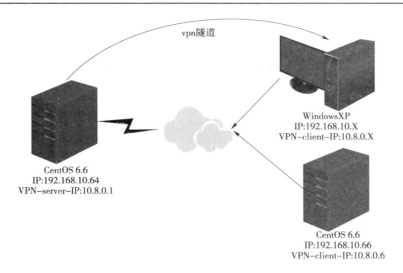

图 2-25 服务器—工作站连接示意图

2）工作站

工作站又称客户机，现在都用具有一定处理能力的 PC（个人计算机）来承担，它是用户和网络的接口设备，用户通过它可以与网络交换信息，共享网络资源。当计算机连接到局域网上时，它就成为局域网的一个客户机。

客户机与服务器不同，服务器为网络用户提供共享资源和各种服务，而客户机仅对操作该客户机的用户提供服务。客户机通过网卡、通信介质以及通信设备连接到网络服务器。客户机只是一个接入网络的设备，它的接入与否对网络不会产生多大的影响，它不像服务器那样一旦失效可能会使网络的部分功能无法使用。如无盘工作站的计算机由于没有它自己的磁盘驱动器，这样的客户机必须完全依赖于局域网来获得文件。

3）网络适配器

网络适配器 NIC（Network Interface Card）即网卡，如图 2-26 所示，它是构成计算机局域网系统的最基本的、最重要的和必不可少的连接设备。计算机主要通过网卡接入局域网络。

网卡是工作在数据链路层的网络组件，是局域网中连接计算机和传输介质的接口，不仅能实现与局域网传输介质之间的物理连接和电信号匹配，还涉及帧的发送与接收、帧的封装与拆封、介质访问控制、数据的编码与解码以及数据缓存的功能等。

4）调制解调器 MODEM

常见的调制解调器（MODEM）如图 2-27 所示。通常它是具有调制和解调两种主要功能，其作用是对模拟信号和数字信号进行相互的转换。它是一种工作在通信子网的用户端设备（如图 2-28 所示），通常用于通过电话线拨号上网和当前流行的 ADSL 宽带上网技术中。

5）集线器

常见的集线器（Hub），如图 2-29 和图 2-30 所示。Hub 英文意思是"中心"，集线器的主要功能是对接收到的信号进行再生整形放大，用于扩大网络的传输距离，同时把所有结点集中在以它为中心的结点上。它工作于 OSI（开放系统互联）参考模型第一层，即物理层。集线器与网卡、网线等传输介质一样，属于局域网中的基础设备，采用 CSMA/CD（一种检测协议）访问方式。

图 2-26　100M 网卡实物图　　　　　　　　　图 2-27　调制解调器实物图

图 2-28　MODEM 工作位置示意图

图 2-29　4 口集线器实物图　　　　　　　图 2-30　8 口集线器实物图

6）交换机

交换机,也称交换式集线器,如图 2-31 所示。它是一种现代网络通信常用的专用设备,并且能够使各计算机高速通信的独享带宽。作为高性能的集线设备,随着价格的不断下降,交换机已逐步取代了集线器而成为集线设备的首选。由交换机构建的交换式网络系统不仅拥有高速的传输速率,而且交换延时较小,使得信息的传输效率大大提高,适合于大数据量并且使用

图 2-31　交换机实物图

非常频繁的网络通信,被广泛应用于各种类型的多媒体和数据传输网络。交换机具有很强的网络管理功能,它能自动根据网络通信的使用情况来动态管理网络,因为交换机采用了独享网络带宽的设计。

同时,交换机是一种基于 MAC 地址(网卡的硬件标志)识别,能够在通信系统中完成信息

交换功能的设备。其工作原理可以简单地描述为"存储转发"四个字,其每一个端口都可视为独立的网段,连接在其上的网络设备独自享有全部的带宽,无须同其他设备竞争使用。

7)路由器

图 2-32 路由器实物图

路由器(Router,又称路径器,如图 2-32 所示)是一种计算机网络设备,它能将数据通过打包一个个传送至目的地(选择数据的传输路径),这个过程称为路由。路由器就是连接两个以上网络的设备,路由工作于 OSI 模型的第三层——网络层。

路由器,是连接互联网中各局域网、广域网的设备,它会根据信道的情况自动选择和设定路由,以最佳路径,按前后顺序发送信号。路由器是互联网络的枢纽和"交通警察",能容易地实现LAN-LAN、WAN-WAN 和 LAN-WAN-LAN 多种网络连接形式,实现网络互连、数据处理、网络管理等功能。目前路由器已经广泛应用于各行各业,各种不同档次的产品已成为实现各种骨干网内部连接、骨干网间互联和骨干网与互联网互联互通业务的主要设备。路由和交换机之间的主要区别就是交换机发生在 OSI 参考模型第二层(数据链路层),而路由发生在第三层,即网络层。这一区别决定了路由和交换机在移动信息的过程中需使用不同的控制信息,所以两者实现各自功能的方式是不同的。

路由器可以隔离广播分组,使用时可以成环。它的工作依赖设备的逻辑地址(如 IP 地址),对到来的数据包进行过滤和转发,以寻找一条最佳传输路径,并将该数据有效地传送到目的站点。为了完成该任务,在路由器中存在着各种传输路径的相关数据——路由表。路由表可以是系统管理员固定设置好的,也可以是由系统动态修改的动态路由——路由表由守护进程自动更新。通常路由选择的守护进程周期性侦听所有路由刷新信息,并将收到的信息进行广播,以便其他路由器更新其路由表。

2. 传输介质

1)双绞线

双绞线是一种构建计算机网络时常用的传输介质,通常被作为构建内部局域网的主要通信介质,如图 2-33 所示。我们常用的双绞线通常可分为屏蔽双绞线(STP)和非屏蔽双绞线(UTP)两大类。屏蔽双绞线又可细分为 3 类和 5 类;非屏蔽双绞线细分为 3 类、4 类、5 类、超 5 类和到目前已经出现的 6 类,其中 3 类和 4 类已经基本被淘汰。

2)同轴电缆

同轴电缆是曾经流行的网络传输介质,如图 2-34、图 2-35 所示,适用于总线型网络。由于随着计算机网络技术的飞速发展,同轴电缆的缺点也日益显现,到现在为止在计算机网络中基本已被淘汰。

图 2-33 双绞线实物图

图 2-34 同轴电缆实物图

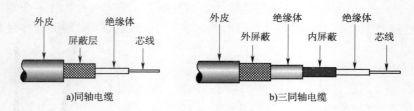

图 2-35 同轴电缆示意图

3）光纤

光纤是目前流行的传输介质，如图 2-36、图 2-37 所示。它以其传输距离长、衰减小等优点深受人们喜爱。光纤一般用做主干网的传输介质。

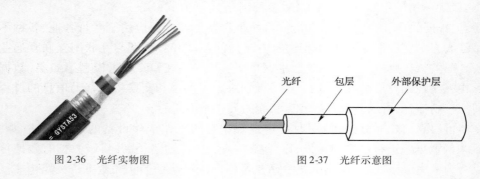

图 2-36 光纤实物图   图 2-37 光纤示意图

任务三 认识广域网技术

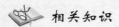 任务描述

通过本任务的学习，能够了解广域网的基本概念，知道广域网与局域网、城域网的不同之处；并且能够掌握广域网的常用设备，了解广域网的相关技术及典型应用。

相关知识

一、广域网概述

当主机之间的距离较远时，例如相隔几十、几百千米甚至几千千米，局域网显然是无法完成主机之间的通信任务的。这时就需要另一种结构的网络，即广域网。

1. 什么是广域网

广域网（Wide Area Network，WAN）也称远程网，是将地理位置上相距较远的多个计算机系统，通过通信线路按照网络协议连接起来，实现计算机之间相互通信的计算机系统的集合。广域网的地理覆盖范围可以从数千米到数千千米，可以连接若干个城市、地区甚至跨越国界而成为遍及全球的一种计算机网络。广域网将地理上相隔很远的局域网连接起来。

由于广域网的造价较高，一般都是由国家或较大的电信公司出资建造。广域网是互联网的核心部分,其任务是通过长距离运送主机所发送的数据。连接广域网各结点交换机的链路都是高速链路。需要澄清的一个要点是广域网不等于互联网。在互联网中,为不同类型、协议的网络"互连"才是它的主要特征,如图 2-38 所示。

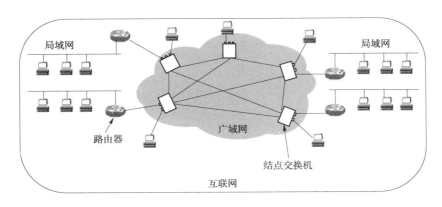

图 2-38　由局域网与广域网组成的互联网

广域网由交换机、路由器、网关、调制解调器等多种数据交换设备、数据连接设备构成,其特点如下:

(1)广域网覆盖的地理范围至少在上百千米以上,而局域网覆盖的范围一般在几千米内。

(2)广域网采用载波形式的频带传输或光传输实现远距离通信,而局域网通常采用基带传输方式。

(3)广域网通常由网络提供商建设和管理,他们利用各自的广域网资源向用户提供收费的广域网数据传输服务。

(4)在网络拓扑结构上,广域网主要采用网状拓扑结构,其原因在于广域网由于其地理覆盖范围广,网络中两个结点在进行通信时,数据一般要经过较长的通信线路和较多的中间结点,这样中间结点设备的处理速度、线路的质量以及传输环境的噪声都会影响广域网的可靠性。采用基于网状拓扑的网络结构,可以大大提高广域网链路的容错性。

(5)广域网的数据传输速率比局域网低,而信号的传播延迟却比局域网要大得多。广域网的典型速率是从 56kb/s 到 155Mb/s,目前已有 622Mb/s、2.4Gb/s 甚至更高速率的广域网。

2. 广域网的结构

广域网是由许多交换机组成的,如图 2-39 所示。交换机之间采用点到点线路连接。几乎所有的点到点通信方式都可以用来建立广域网,包括租用线路、光纤、微波、卫星信道。而广域网交换机实际上就是一台计算机,利用处理器和输入/输出设备进行数据包的收发处理。广域网(WAN)一般最多只包含 OSI 参考模型的底下三层,而且目前大部分广域网都采用存储转发方式进行数据交换,也就是说,广域网是基于报文交换或分组交换技术的(传统的公用电话交换网除外)。广域网中的交换机先将发送给它的数据包完整接收下来,然后经过路径选择找出一条输出线路,最后交换机将接收到的数据包发送到该线路上去,依次类推,直到将数据包发送到目的结点。

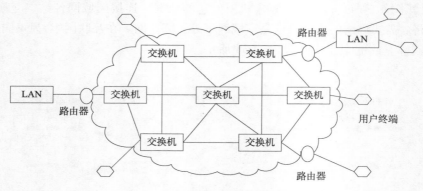

图 2-39　广域网结构示意图

二、常用广域网的技术

广域网的重要组成部分是通信子网,而通信子网通常由公共传输系统组成。公共传输系统包括传输线路和交换结点两部分,它仅工作在 OSI 的低两层(物理层和数据链路层),也有工作在低三层的。常见的公共传输系统按其提供业务的不同,可分为窄带和宽带两种。窄带公共网络包括公共电话交换网 PSTN、综合业务数字网 ISDN、数字数据网 DDN、公共分组交换网 X.25、帧中继(Frame Relay)等;宽带公网有异步传输模式、同步数字传输体系 SDH、ATM 和交换多兆位数据服务 SMDS 等。

连接公共传输系统的设备主要有调制解调器、路由器和网关等。

公共传输系统主要提供三种通信服务:

(1)电路交换(拨号)服务,主要有 PSTN、ISDN。

(2)分组交换服务,主要有 X.25、F. R、ATM。

(3)租用线路或专线服务,主要有 DDN。

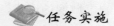任务实施

实训 2-3　设计 WAN 的连接方案

广域网也称为远程网,是一种用来实现不同地区的局域网或城域网的互连,可提供不同地区、城市和国家之间的计算机通信的远程计算机网,如图 2-40 所示。广域网所覆盖的范围比城域网(MAN)更广,它一般是在不同城市之间的 LAN 或者 MAN 网络互连,地理范围可从几百千米到几千千米。因为距离较远,信息衰减比较严重,所以这种网络一般是要租用专线,通过 IMP(接口信息处理)协议和线路连接起来,构成网状结构,以解决循径问题。广域网的传输媒介主要是利用电话线,通过互联网服务提供商(ISP)为企业做连接,这些线路是 ISP 预先埋设在道路下面的。

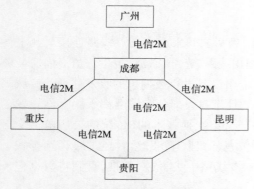

图 2-40　广域网连接地域连接模型图

1. 广域网的类型

广域网能够连接距离较远的结点。建立广域网的方法有很多种,如果以此对广域网来进行分类,广域网可以被划分为:电路交换网、分组交换网和专用线路网等。

1)电路交换网

电路交换网是面向连接的网络,在数据需要发送时,发送设备和接收设备之间必须建立并保持一个连接,一旦用户发送完数据就中断连接。电路交换网只在每个通信过程中建立一个专用信道。它有模拟和数字的电路交换服务。典型的电路交网是电话拨号网和 ISDN 网。

2)分组交换网

分组交换网使用无连接的服务,系统中任意两个结点之间被建立起来的是虚电路。信息以分组的形式沿着虚电路从发送设备传输到接收设备。大多数现代的网络都是分组交换网,例如 X.25 网、帧中继网等。

3)专用线路网

专用线路网是指两个结点之间建立一个安全永久的信道。专用线路网不需要经过任何建立或拨号进行连接,是点到点连接的网络。典型的专用线路网采用专用模拟线路、E1线路等。

2. 广域网的连接方案

广域网连接方案分为:点对点、点对多和无线连接方案。

1)点对点连接方案

当两个局域网之间采用光纤或双绞线等有线方式难以连接时,可采用点对点的无线连接方式。只需在每个网段中都安装一个 AP,即可实现网段之间点到点连接,也可以实现有线主干的扩展。在点对点连接方式中,一个 AP 设置为 Master,一个 AP 设置为 Slave。在点对点连接方式中,无线天线最好全部采用定向天线。

2)点对多点连接方案

当三个或三个以上的局域网之间采用光纤或双绞线等有线方式难以连接时,可采用点对多点的无线连接方式。只需在每个网段中都安装一个 AP,即可实现网段之间点到点连接,也可以实现有线主干的扩展,如图 2-41 所示。在点对多点连接方式中,一个 AP 设置为 Master,其他 AP 则全部设置为 Slave。在点对多点连接方式中,Master 必须采用全向天线,Slave 则最好采用定向天线。

3)无线连接方案

当两个局域网络间的距离已经超过无线网络产品所允许的最大传输距离时,或者,虽然两个网络间的距离并不遥远,在两个网络之间有较高的阻挡物时,可以在两个网络之间或在阻挡物上架设一个户外无线 AP,以实现传输信号的接力。

3. 广域网的特点

(1)覆盖范围广,通信的距离远,需要考虑的因素增多,如媒体的成本、线路的冗余、媒体带宽的利用和差错处理等。

(2)适应综合业务服务的要求。

(3)开放的设备接口与规范化的协议。

(4)完善的通信服务与网络管理。

（5）适应大容量与突发性通信的要求。

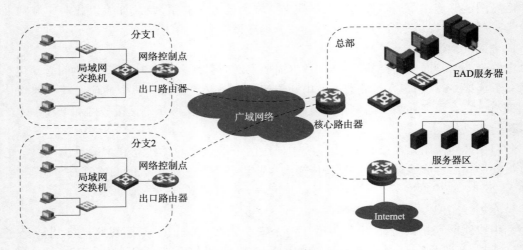

图 2-41　点对多点有线主干网络扩展示意图

实训 2-4　帧中继及其配置

1）实训目的

掌握帧中继基本概念、DLCI 含义、LMI 作用、静态和动态映射区别。

掌握帧中继基本配置，如接口封装、DLCI 配置、LMI 配置等。

能够对帧中继进行基本故障排除。

2）实训要求

帧中继拓扑与地址规划。

帧中继基本配置和帧中继网云配置（如帧中继交换表配置）。

开放式最短路径优先 OSPF 配置。

验证帧中继配置并给出配置清单。

3）实训拓扑

实训前，给出帧中继配置参数，如图 2-42 所示。

4）实训设备（环境、软件）

本部分主要阐述本实验用的实验设备、软件及其数量和要求。

5）实训涉及的基本概念和理论

帧中继用途：是一种用于连接计算机系统的面向分组的通信方法。它主要用在公共或专用网上的局域网连接以及广域网连接。大多数公共电信局都提供帧中继服务，把它作为建立高性能的虚拟广域连接的一种途径。帧中继是进入带宽范围从 56kb/s 到 1.544Mb/s 的广域分组交换网的用户接口。

帧中继概念：一种用于统计复用分组交换数据通信的接口协议，分组长度可变，传输速度为 2.408Mb/s 或更高，没有流量控制也没有纠错。DLCI 含义：帧中继地址映射用到的数据链路控制标识符。LMI 作用：本地管理状态用于管理 DT 设备与 DCE 设备之间的连接状态。

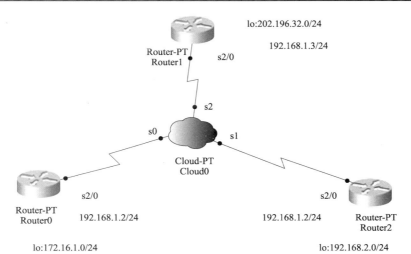

图 2-42　给定帧中继配置参数示意图

6）实训过程和主要步骤

（1）绘制网络拓扑和地址规划情况。

（2）单个路由器的基本配置清单如下。

路由器 R0 配置

Router(config)#hostname A

A(config)#interface Serial2/0

A(config-if)#ip address 192.168.1.1 255.255.255.0

A(config-if)#encapsulation frame-relay

A(config-if)#bandwidth 64

A(config-if)#frame-relay map ip 192.168.1.3 103 broadcast

A(config-if)#frame-relay lmi-type ansi

在网云相应该端口上修改成同种 lmi 类型

A(config)#int loopback 0

A(config-if)#ip address 172.16.1.1 255.255.255.0

（3）单个路由器帧中继基本配置清单:如封装、ip、dlci、lmi

B 路由器基本配置清单:

基本配置及封装:

Router > enable

Router#configure terminal

Router(config)#hostname B

B(config)#interface Serial2/0

B(config-if)#ip address 192.168.1.2 255.255.255.0

B(config-if)#encapsulation frame-relay

B(config-if)#bandwidth 64

Dlci:R2—> R1 的 dlci 为 201,R2—> R3 的 dlci 为 203

B(config-if)#frame-relay map ip 192.168.1.3 203 broadcast

B(config-if)#frame-relay map ip 192.168.1.1 201 broadcast

Lmi 类型为 q933a,相应网云端口也要改成 q933a 类型；

B(config-if)#frame-relay lmi-type q933a

(4)网云交换表配置见图 2-43。

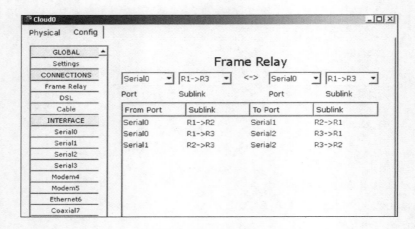

图 2-43　网云交换表示意图

(5)验证三个路由器通信情况。

A#ping 192.168.1.2

Type escape sequence to abort.

Sending 5, 100-byte ICMP Echos to 192.168.1.2, timeout is 2 seconds：

!!!!!

A#ping 192.168.1.3

Type escape sequence to abort.

Sending 5, 100-byte ICMP Echos to 192.168.1.3, timeout is 2 seconds：

!!!!!

C#ping 192.168.1.1

Type escape sequence to abort.

Sending 5, 100-byte ICMP Echos to 192.168.1.1, timeout is 2 seconds：

!!!!!

C#ping 192.168.1.2

Type escape sequence to abort.

Sending 5, 100-byte ICMP Echos to 192.168.1.2, timeout is 2 seconds：

!!!!!

B#ping 192.168.1.1

Type escape sequence to abort.

Sending 5, 100-byte ICMP Echos to 192.168.1.1, timeout is 2 seconds:

!!!!!

B#ping 192.168.1.3

Type escape sequence to abort.

Sending 5, 100-byte ICMP Echos to 192.168.1.3, timeout is 2 seconds:

!!!!!

(6)在各个路由器上配置 ospf。

A(config)#router ospf 1

A(config-router)#network 192.168.1.0 0.0.0.255 area 0

A(config-router)#network 172.16.1.0 0.0.0.255 area 0

A(config)#int s2/0

A(config-if)#ip ospf network broadcast

(7)验证配置情况。

C#show ip route

Codes: C - connected, S - static, I - IGRP, R - RIP, M - mobile, B - BGP

   D - EIGRP, EX - EIGRP external, O - OSPF, IA - OSPF inter area

   N1 - OSPF NSSA external type 1, N2 - OSPF NSSA external type 2

   E1 - OSPF external type 1, E2 - OSPF external type 2, E - EGP

   i - IS-IS, L1 - IS-IS level-1, L2 - IS-IS level-2, ia - IS-IS inter area

   * - candidate default, U - per-user static route, o - ODR

   P - periodic downloaded static route

Gateway of last resort is not set

  172.16.0.0/32 is subnetted, 1 subnets

O   172.16.1.1 [110/1563] via 192.168.1.1, 00:06:10, Serial2/0

C 192.168.1.0/24 is directly connected, Serial2/0

C 202.196.32.0/24 is directly connected, Loopback0

C   172.16.1.0 is directly connected, Loopback0

C 192.168.1.0/24 is directly connected, Serial2/0

  202.196.32.0/32 is subnetted, 1 subnets

O   202.196.32.1 [110/1563] via 192.168.1.3, 00:00:21, Serial2/0

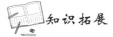 知识拓展

网络协议与网络体系结构

网络协议(Protocol)的本质是规则,即各种硬件和软件必须遵循的共同守则。网络协议并

不是一套单独的软件,它融合于其他所有的软件系统中,因此可以说,协议在网络中无所不在。网络协议遍及 OSI 通信模型的各个层次,从我们非常熟悉的 TCP/IP、HTTP、FTP 协议,到 OS-PF、IGP 等协议,有上千种之多。对于普通用户而言,不需要关心太多的底层通信协议,只需要了解其通信原理即可。在实际管理中,底层通信协议一般不需要人工干预。但是对于第三层以上的协议,就经常需要人工干预了,比如 TCP/IP 协议就需要人工配置它才能正常工作。

无线广域网知识要点介绍

1.无线广域网

无线广域网(Wireless Wide Area Network,WWAN)移动联通的无线网络,特点传输距离小于 15km,传输速率大约为 3Mb/s。

WWAN 是采用无线网络把物理距离上极为分散的局域网(LAN)连接起来的通信方式。

WWAN 连接地理范围较大,常常是一个国家或是一个洲。其目的是为了让分布较远的各局域网互连,它的结构分为末端系统(两端的用户集合)和通信系统(中间链路)两部分。

IEEE802.20 是 WWAN 的重要标准。IEEE802.20 是由 IEEE802.16 工作组于 2002 年 3 月提出的,并为此成立专门的工作小组,这个小组于 2002 年 9 月独立为 IEEE802.20 工作组。IEEE802.20 是为了实现高速移动环境下的高速率数据传输,以弥补 IEEE802.1x 协议族在移动性上的劣势。IEEE802.20 技术可以有效解决移动性与传输速率相互矛盾的问题,是一种适合在高速移动环境下的宽带无线接入系统的空中接口规范,其工作频率小于 3.5GHz。

IEEE802.20 标准在物理层技术上,以正交频分复用技术(OFDM)和多输入多输出技术(MIMO)为核心,充分挖掘时域、频域和空间域的资源,大大提高了系统的频谱效率。在设计理念上,基于分组数据的纯 IP 架构适应突发性数据业务的性能优于 3G 技术,与 3.5G(HSD-PA、EV-DO)性能相当。在实现和部署成本上也具有较大的优势。

IEEE802.20 能够满足无线通信市场高移动性和高吞吐量的需求,具有性能好、效率高、成本低和部署灵活等特点。IEEE802.20 移动必定优于 IEEE802.11,在数据吞吐量上强于 3G 技术,其设计理念符合下一代无线通信技术的发展方向,因而是一种非常有前景的无线技术。目前,IEEE802.20 系统技术标准仍有待完善,产品市场还没有成熟、产业链有待完善,所以还很难判定它在未来市场中的位置。

2.无线广域网典型应用

1)概述

室外无线网桥设备在各行各业具有广泛的应用,例如,税务系统采用无线网桥设备可实现各个税务点、税收部门和税务局的无线联网;电力系统采用无线网桥产品可以将分布于不同地区的各个变电站、电厂和电力局连接起来,实现信息交流和办公自动化。教育系统可以通过无线接入设备在学生宿舍、图书馆和教学楼之间建立网络连接。

无线网络建设可以不受山川、河流、街道等复杂地形限制,并且具有灵活机动、周期短和建设成本低的优势,政府机构和各类大型企业可以通过无线网络将分布于两个或多个地区的建筑物或分支机构连接起来。无线网络特别适用于地形复杂、网络布线成本高、分布较分散、施工困难的分支机构的网络连接,可以较短地施工周期和较少的成本建立起可靠的网络连接。

2)行业应用

(1)电力系统:将分布于不同地点的变电站、电厂和电力局连接起来。

（2）税务系统：将税务征收点、各级税收部门、税务分局和税务局连接起来。

（3）教育系统：连接教学楼、图书馆和学生宿舍。

（4）医疗系统：连接医院、药房和诊所。

（5）银行系统：将分散的营业网点、营业所和分行连接起来。

（6）交通运输系统：将分散在各个路口的监控点和监控中心连接起来。机场、铁路、港口的连接。

（7）大型企业：公司总部、远程办公室、销售终端和厂区的连接。

（8）调度系统：连接公安局、派出所、消防和治安点。

（9）安全监控：通过无线网络将远程监控点采集的视频监控信息传输到监控中心。

（10）大型场馆和展览会：为体育、表演、展览和促销活动建立临时的网络连接

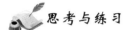

思考与练习

1. 什么是局域网？

2. 局域网有哪些主要特点？

3. 局域网的应用有哪些？

4. 请说出局域网的基本组成。

5. 局域网的软件系统有哪些？

6. 局域网的硬件系统有哪些？

7. 局域网有哪几种常用的网络拓扑结构？

8. 请列举局域网的组网技术有哪些？

9. 请说出局域网的组建步骤。

10. 请列举常见的网络设备有哪些？

11. 什么是广域网？

12. 请画出广域网的结构示意图。

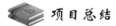

项目总结

　　通过对广域网相关知识的学习，学生能够对广域网的组织结构、主要特点、主要类型有所掌握，并且通过对广域网中常用的网络设备，知道广域网的构建。

项目三　Internet 技术的应用

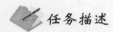 **项目描述**

本项目主要介绍 Internet 的起源与发展、Internet 的管理机构、Internet 的地址形式、Internet 重要工具、电子邮件系统、部署 WWW 服务、Internet 网上"冲浪"、电子邮件服务及文件传输服务以及 TCP/IP 协议等内容。

任务一　Internet 网络系统配置

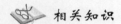 **任务描述**

在学习和掌握 Internet 网络系统配置前,需要对 Internet 的相关知识、Internet 的起源与发展历程进行系统的了解,了解 Internet 的域名及 IP 的对应关系以及 TCP/IP 协议族,进而能够部署 WWW 服务、电子邮件服务、文件传输服务等系统配置。

相关知识

一、Internet 概述

Internet,中文正式译名为因特网,又叫作互联网。它是由那些使用公用语言互相通信的计算机连接而成的全球网络。Internet 目前的用户已经遍及全球,有超过几亿人在使用,并且它的用户数还在以等比级数上升。

Internet 是由多个不同结构的网络,通过统一的协议和网络设备(即 TCP/IP 协议和路由器等)互相连接而成的、跨越国界的、世界范围的大型广域计算机互联网络。

1. Internet 的起源与发展历程

Internet 最早起源于美国国防部高级研究计划署(DARPA)的前身 ARPA 建立的 ARPAnet 网络。从 20 世纪 60 年代开始,ARPA 就开始向美国国内大学的计算机系和一些私人公司提供经费,以促进基于分组交换技术的计算机网络的研究。1968 年,ARPA 为 ARPAnet 网络项目立项,这个项目基于这样一种主导思想:网络必须能够经受住故障的考验而维持正常工作,一旦发生战争,当网络的某一部分因遭受攻击而失去工作能力时,网络的其他部分应当能够维持正常通信。最初,ARPAnet 主要用于军事研究目的,应用领域也仅限于军事领域。它具有五大特点:

58

（1）支持资源共享；

（2）采用分布式控制技术；

（3）采用分组交换技术；

（4）使用通信控制处理机；

（5）采用分层的网络通信协议。

1972 年，ARPAnet 在首届计算机后台通信国际会议上初次与公众见面，并验证了分组交换技术的可行性，由此，ARPAnet 成为现代计算机网络诞生的标志。最初建成的 ARPAnet 在全美国范围内一共有四个结点，如图 3-1 所示。1972 年后的二十多年间，ARPAnet 广泛被网络技术学术界人士以及网络工程师所接纳，同时他们也积极地投身到与 ARPAnet 相关的研究与应用开发当中去。1980 年，ARPA 投资把 TCP/IP 加进 UNIX（BSD4.1 版本）的内核中，在 BSD 4.2 版本以后，TCP/IP 协议即成为 UNIX 操作系统的标准通信模块。1982 年，Internet 由以 ARPAnet 为主的几个计算机网络合并而成，其中 ARPAnet 作为 Internet 的早期骨干网，较好地解决了异种机网络互联的一系列理论和技术问题，为 Internet 存在和发展奠定了良好的基础。1983 年，ARPAnet 分裂为两部分：ARPAnet 网络和纯军事用的 MILNET 网络。剥离了军用网络 MILNET 后的 ARPAnet 网络把基于分组交换技术的 TCP/IP 协议作为 ARPAnet 网络传输的标准协议，并被称为 Internet。此后，TCP/IP 协议便在 Internet 中被研究、试验并改进成为使用方便、效率极好的网络传输协议。

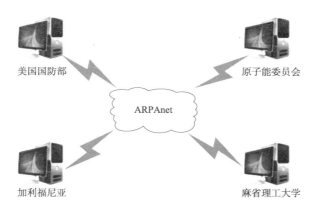

图 3-1　ARPAnet 发展之处的四个结点

1985 年，美国国家科学基金（National Science Foundation，NSF），为鼓励大学与研究机构共享他们非常昂贵的四台计算机主机，希望通过计算机网络把各大学与研究机构的计算机与这些巨型计算连接起来。开始时，他们想用现成的 ARPAnet，不过他们发觉与美国军方打交道不是一件容易的事情，于是他们决定利用 ARPAnet 发展出来的叫作 TCP/IP 的通信协议自已出资建立名叫 NFSnet 的广域网。由于美国国家科学资金的鼓励和资助，许多大学、政府资助的研究机构，甚至私营的研究机构纷纷把自己局域网并入 NSFnet。这样使 NSFnet 在 1986 年建成后取代 ARPAnet 成为 Internet 的主干网。

20 世纪 90 年代以前，Internet 是由美国政府资助，主要供大学和研究机构使用，但近年来该网络商业用户数量日益增加，并逐渐从研究教育网络向商业网络过渡。Internet 有着巨大的商业潜力，如下所述：

（1）电子邮件：电子邮件的优势是能够实现一对多人的信息传递。

（2）与专家和科研人员的网上交流与合作：通过电子公告板提出问题听取专家学者和用户各方面的建议。

（3）了解商业机会和发展趋势：更多的公司通过 Internet 收集、调研和销售与商贸活动有关的信息。

（4）远距离数据检索：查询各种商业性和专业数据库。

（5）文件传输（FTP）：从生产到销售各个环节的配合与联络：如设计人员通过网络将设计方案直接传输给生产厂家。

（6）检索免费软件：目前在 Internet 的公共软件里，有许多免费软件，很多公司利用这些软件来缩短产品的开发时间。

（7）研究和出版：出版商利用 FTP 进行文稿的传递，编辑和发行，以减少出版时间和费用。

Internet 规模迅速发展覆盖了包括中国在内的 154 个国家，连接的网络 6 万多个，主机达 500 万台，终端用户近 5000 万，并且以每年 15% ~20% 的速度增长。1994 年中国 Internet 只有一个国际出口，300 多个入网用户，到 1996 年已发展到有 7 条国际出口线，2 万多个入网用户，中国和 Internet 网络互联的主要网络有：由中国科学院负责运作的中国科研网（CASNET），由清华大学负责运作的中国教育网（CERNET），由电子部、电力部、铁道部支持，吉通公司负责运作的金桥网（GBNET），以及由邮电部组建的中国网（Chinanet），Chinanet 是我国的第一个商业网，1995 年 6 月第一期工程完成，开通了北京、上海两条带宽 64Kbps 的国际出口线。预计第二期工程完成后，将覆盖各省市的全国骨干网，同时出口线带宽由 64K 升至 2M2Internet 的管理机构随着 Internet 变得越来越大，以及新技术的采用来加强 Internet 的功能：读者可能认为管理 Internet 的组织一直非常忙碌，这只说对了一部分：实际上，没有一个组织对 Internet 负责，没有首席执行官或领导，甚至没有主席。事实是 Internet 仍沿袭了 60 年代形成时的多元化模式。不过，还是有几个组织帮着展望新的 Internet 技术、管理注册过程以及处理其他与运行主要网络相关的事情。

与此同时，局域网和其他广域网的产生和蓬勃发展对 Internet 的进一步发展起了重要的作用。其中，最为引人注目的就是美国国家科学基金会建立的美国国家科学基金网 NSFnet。1986 年，NSF 建立起了六大超级计算机中心，为了使全国的科学家、工程师能够共享这些超级计算机设施，NSF 建立了自己的基于 TCP/IP 协议的计网焰 NSFnetoNSF 在全国建立了按地区划分的计算机广域网，并将这些地区网络和超级中心相联，最后将各超级计算中心互联起来，连接各地区网上主通信结点计算机的高速数线构成了 NSFnct 的主干网。这样，当一个用户的计算机与某一地区相联以后，它可以使超级计算中心的设施并可与网上任一其他用户通信，还可以获得网络提供的大量信息和数据。这一成功使得 NSFnet 于 1990 年 6 月彻底取代了 ARPAnet 而成为 Internet 的主干网 NSFnet 对 Internet 的最大贡献是使 Internet 向全社会开放，而不像以前那样仅仅提供给计算机研究人员、政府职员和政府承包商使用。然而，随着网上通信量的迅猛增长，NSF 不得不采用更新的网络技术来适应发展的需要。1990 年 9 月，由 Merit、IBM 和 MCI 公司联合建立了一个非盈利性组织"先进网络和科学公司 ANS（Advanced Network & Science, Inc）"。ANS 的目的是建立一个全美范围的 T3 级主干网，它能以 45Mb/s 的速率传送数据，相当于每秒传送 1400 页文本信息。到 1993 年年底，NSFnet 的全部主干网都已同 ANS 提供的 T3 级主干网相通。此后，Internet 开始走向商业化的新进程，1995 年 Internet 开始大规模应用在商业领域,并且随着微型计算机的普及以及网络服务供应商的大量涌现,Internet 开始走进千家万户并逐步形成了当今以 Internet 为主导地位的世界计算机网络格局。

2. Internet 的管理机构

1)Internet 协会

Internet 协会(ISOC)是一个专业性的会员组织,由来自 100 多个国家的 150 个组织以及 6000 名个人成员组成,这些组织和个人展望影响 Internet 现在和未来的技术,ISOC 由几个负责 Internet 结构标准的组织组成,包括 Internet 体系结构组(IAB)和 Internet 工程任务组(IETF)。ISOC 的主站网址是 http://www. ISOC. org/。

2)Internet 体系结构组

Internet 体系结构组(IAB)以前称为 Internet 行动组,是 Internet 协会技术顾问。这个小组定期会晤、考查由 Internet 工程任务组和 Internet 工程指导组提出的新思想和建议,并给 IETF 带来一些新的想法和建议。IAB 的网址是 http://www. IAB. org/。

3)Internet 工程任务组

Internet 工程任务组(IETF)是由网络设计者、制造商和致力于网络发展的研究人员组成的一个开放性组织。IETF 一年会晤三次,主要的工作通过电子邮件组来完成,IETF 被分成多个工作组,每个组有特定的主题。IESG 工作组包括超文本传输协议(HTTP)和 Internet 打印协议(IPP)工作组。

IETF 对任何人都是开放的,其网址是 http://www. IETF. org/。

4)Internet 工程指导组

Internet 工程指导组(IESG)负责 IETF 活动和 Internet 标准化过程的技术性管理,IESG 也保证 ISOC 的规定和规程能顺序进行。IESG 给出关于 Internet 标准规范采纳前的最后建议。通过访问 http://www. IETF. org/iesg. html 可获得更多关于 IESG 的信息。

5)Internet 编号管理局

Internet 编号管理局(IANA)负责分配 IP 地址和管理域名空间,IANA 还控制 IP 协议端口号和其他参数,IANA 在 ICANN 下运作。IANA 的网址是 http://www. IANA. org/。

6)Internet 名字和编号分配组织(ICANN)

ICANN 是为国际化管理名字和编号而形成的组织。其目标是帮助 Internet 域名和 IP 地址管理从政府向民间机构转换。当前,ICANN 参与共享式注册系统(Shared Registry System,SRS),通过 SRS,使 Internet 域名的注册过程是开放式公平竞争的。参考下一节"Internet 网络信息中心和其他注册组织"。关于 ICANN 的更多信息可通过访问 http://www. icann. org/ 获得。

7)Internet 网络信息中心和其他注册组织

InterNIC(Internet Network Information Center Internet 网络信息中心的缩写)从 1993 年起由 Network Solutions 公司运作,负责最高级域名的注册(. com,. org,. net,. edu)。InterNIC 由美国国家电信和信息管理机构(NTIA)监督,这是商务部的一个分组。InterNIC 把一些责任委派给其他官方组织(如国防部 NIC 和亚太地区 NIC)。最近有一些建议想把 InterNIC 分成更多的组,其中一个建议是已知共享式注册系统(SRS),SRS 在域注册过程中努力引入公平和开放的竞争。当前,有 60 多家公司进行注册管理。

8）Internet 服务提供商

20 世纪 90 年代 Internet 商业化之后，大量的 Internet 服务提供商（ISP）为成千上万的家庭和商业用户接入 Internet 提供服务。ISP 是商业机构，其计算机房内设有服务器，这些服务器配有调制解调器，使用点到点协议（PPP）或串行线路接口协议（SLIP）。这些协议允许远程用户使用拨号把个人电脑和 Internet 相连。为了获取费用，ISP 提供远程用户至 Internet 的接入支持。大多数 ISP 在服务器上也提供电子邮件账号，甚至提供 UNIXShell 账号。更大的 ISP 能够提供商业机构及其他 ISP 的 Internet 接入服务。这些 ISP 具有更快速的网络如 ISDN、分时 T-1 线路甚至更高。Internet. com 提供了 ISP 的数据库，可通过电话区号搜索，访问这个 ISP 向导的网址是 http://thelist. Internet. com/。

3. Internet 在中国

Internet 在中国的发展历程可以大略地划分为三个阶段：

（1）第一阶段为 1986 年 6 月至 1993 年 3 月，这是 Internet 在中国的研究试验阶段。

在此期间，中国一些科研部门和高等院校开始研究 Internet 技术，并开展了科研课题和科技合作工作。1986 年，北京市计算机应用技术研究所实施的国际联网项目——中国学术网（CANET）启动。1987 年 9 月，CANET 在北京计算机应用技术研究所内正式建成中国第一个国际 Internet 电子邮件结点。1990 年 11 月 28 日，我国正式在 SRI-NIC 注册登记了中国的项级域名 CN，并且从此开通了使用中国顶级域名 CN 的国际电子邮件服务。在这个阶段，我国对 Internet 的应用仅限于小范围内的电子邮件服务，而且此服务仅为少数高等院校、研究机构提供.

（2）第二阶段为 1994 年 4 月至 1996 年，该阶段为国内 Internet 起步阶段。

1994 年 4 月，中关村地区教育与科研示范网络工程进入 Internet，实现和 Internet 的 TCP/IP 连接，从而开通了 Internet 全功能服务。从此中国被国际上正式承认为有 Internet 的国家。之后，ChinaNet、CERnet、CSTnet、ChinaGBnet 等多个 Internet 项目在全国范围相继启动，Internet 开始进入公众生活，并在中国得到了迅速的发展。1996 年年底，中国 Internet 用户数已达 20 万，利用 Internet 开展的业务与应用逐步增多。

（3）第三阶段从 1997 年至今，是 Internet 在国内快速增长阶段。

国内 Internet 用户数 1997 年以后基本保持每半年翻一番的增长速度。据中国互联网信息中心（CNNIC）公布的《第 26 次中国互联网络发展状况统计报告》显示，截至 2010 年 6 月底，国 Internet 用户规模达 4.2 亿人，Internet 普及率持续上升增至 31.8%。互联网商务化程度迅速提高，全国 Internet 购物用户达到 1.4 亿，网上支付、网络购物和网上银行半年用户增长率均在 30% 左右，远远超过其他类网络应用。Internet 正在深入普通百姓日常生活的方方面面。

二、Internet 的域名系统

1. 域名的概念

Internet 中的每一台主机都有一个唯一的标识——IP 地址。网络在区分所有与之相连的网络和主机时，均采用了一种唯一、通用的地址格式，即每一个与网络相连接的计算机和服务器都被指派了一个独一无二的地址。为了保证网络上每台计算机的 IP 地址的唯一性，用户必须向特定机构申请注册，该机构根据用户单位的网络规模和近期发展计划分配 IP 地址。在

Internet 中地址方案实际上分为两套:IP 地址系统和 DNS(Domain Name System)域名系统。这两套地址系统是一一对应的关系。由于 IP 地址是数字标识,使用时难以记忆和书写,因此在 IP 地址的基础上又发展出一种符号化的地址方案,来代替数字型的 IP 地址。每一个符号化的地址都与特定的 IP 地址对应,这就使网络上的资源访问起来就容易得多了。这个与网络上的数字型 IP 地址相对应的字符型地址,就被称为域名(DN)。域名可以看作是一个单位在 Internet 中的名称,也是一个通过计算机登录网络的单位在该网中的便于其他用户记忆的地址。一个公司如果希望在网络上建立自己的主页,就必须取得一个域名,通过该域名,人们可以在网络上找到所需的详细资料。域名是上网单位和个人在网络上的重要标识,起着识别作用,便于他人识别和检索某一企业、组织或个人的信息资源,从而更好地实现网络上的资源共享。除了识别功能外,在虚拟环境下,域名还可以起到引导、宣传、代表等作用。

2.域名系统的工作原理

最初,主机名与 IP 地址的映射保存在 NIC 的 hosts. txt 文件中,当时因为主机数量少,这个文件也不用经常改变,因此其他主机几天一次从 NIC 的主机上下载这个文件,进行主机名和 IP 地址映射就可以了。但随着网络的发展,这种方法变得无法使用,因为经常会有主机要求下载,对 NIC 的主机造成巨大的压力,而且也不能保证服务的质量。许多局域网用户希望自己管理自己的主机名,而不希望等 NIC 许多天才把自己的主机名加在 hosts. txt 文件中,有些组织也希望有自己的名字空间配置。这就需要有一个能够简单管理域名的方法,最后决定使用层次式的名字空间组织方案,以"·"为分隔标准不同的层次。整个名字空间以分布式数据库管理。

3.域名与 IP 的对应关系

1)转换

(1)域名服务器:完成域名地址到 IP 地址转化的计算机。

(2)域名服务器上运行着一个数据库系统。

(3)数据库中保存着域名地址与 IP 地址。

(4)用户主机需要把域名地址转化为 IP 地址向域名服务器提出查询请求。

(5)域名服务器根据用户请求进行查询并把结果返回给用户主机。

2)关系

(1)一对一

Internet 上 IP 地址是唯一的,一个 IP 地址对应着唯一的一台主机。给定一个域名地址能找到唯一一个对应的 IP 地址。

(2)一对多

一台计算机提供多个服务,既作 WWW 服务器又作邮件服务器。IP 地址还是唯一,但可根据计算机提供的多个服务给予不同域名。一个 IP 地址对应多个域名。

任务二　部署 WWW 服务

任务描述

通过部署 WWW 服务,了解 Web 服务器的工作过程;掌握 Web 服务器的安装、配置、管理和测试的基本方法；掌握 Web 客户端的配置方法。

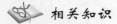 相关知识

一、WWW 服务

WWW 是环球信息网的缩写,(亦作"Web"、"WWW"、"W3",英文全称为 World Wide Web),中文名称为万维网,等,常简称为 Web。它分为 Web 客户端和 Web 服务器程序。WWW 可以让 Web 客户端(常用浏览器)访问浏览 Web 服务器上的页面,是一个由许多互相链接的超文本组成的系统,通过互联网访问。在这个系统中,每个有用的事物均称为一种"资源",并且由一个全局"统一资源标识符"(URI)标识;这些资源通过超文本传输协议(Hypertext Transfer Protocol)传送给用户,而后者通过单击链接来获得资源。

1. 超文本与超媒体的概念

随着计算机技术的发展,人们不断推出新的信息组织方式,以方便对各种信息的访问。在 WWW 系统中,信息是按照超文本方式组织的。用户直接看到的是文本信息本身,在浏览文本信息的同时,随时可以选中其中的"热字"。热字往往是上下文关联的单词,通过选择热字可以跳转到其他的文本信息。超媒体进一步扩展了超文本所链接的信息类型。用户不仅能从一个文本跳到另一个文本,而且可以激活一段声音,显示一个图形,甚至可以播放一段动画。在目前市场上,流行的多媒体电子书籍大都采用这种方式。例如,在一本多媒体儿童读物中,当读者选中屏幕上显示的一种动物图片、文字时,可以播放一段关于这种动物的动画。超媒体可以通过这种集成化的方式,将多种媒体的信息联系在一起。

2. WWW 服务的工作原理

WWW 服务是 Internet 上发展最快、最具创新的一部分。当我们使用 WWW 服务时,看到的是集成了文本、图形、声音和视频等多媒体信息的主页。WWW 服务利用超链接可以从一个主页跳转到另一个主页,其工作原理如图 3-2 所示。

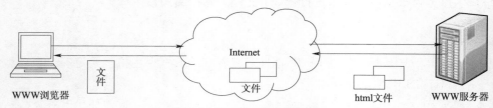

图 3-2　WWW 服务工作原理示意图

WWW 服务使用的语言是超文本标记语言(Hyper Text Makeup Language,HTML),使得人们可以通过超文本来访问与浏览主页。WWW 服务使用的通信协议,是超文本传输协议(Hyper Text Transfer Protocol,HTTP),它是客户端和 WWW 服务器之间相互通信的协议。WWW 服务采用的是客户端/服务器工作模式,如图 3-3 所示。信息资源以主页的形式存储在 WWW 服务器中,用户通过客户端与 WWW 服务器建立 HTTP 连接,并向 WWW 服务器发出访问请求,WWW 服务器根据客户端的请求找到被请求的主页、文档或对象,然后将得到的查询结果返给客户端,客户端在接收到返回的数据后对其进行解释,就可以在本地计算机的屏幕上显示主页信息。

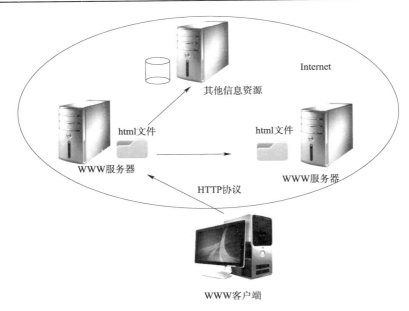

图3-3　WWW 采用的客户端/服务器工作模式示意图

3. URL 与信息定位

Internet 中有众多的 WWW 服务器,而每台服务器中都包含很多的主页,人们如何来找到想看的主页呢? 这时,就需要使用统一资源定位器(Uniform Resource Locators,URL)

标准的 URL 由三部分组成:服务类型、主机名、路径及文件名。URL 的第一部分指出要检索的文件所使用的通信协议类型,超文本文档最常使用的通信协议是 HTTP 协议。URL 的第二部分指出要检索的文件所在的主机。也就是这个文件所在主机的域名,这部分总是放在 URL 的第一个双斜杠后面,URL 的第三部分指出在主机上存放文件的网站目录,这部分总是放在 URL 的第一个单斜杠后面,可以出现多级子目录结构,它表示的是存放网站的硬盘子目录和文件名。

用户通过 URL 地址可以指定要提供什么服务、访问哪台主机、主机中的哪个文件。如果用户希望访问某台 WWW 服务器中的某个页面,只要在浏览器中输入该页面的 URL。图 3-4 是典型的 URL 地址示意图。图中的 URL 地址为“http://www. nankai. edu. cn/index. html”其中,“http:”指出要使用 HTTP 协议,“www. nan-kai. edu. cn”指出要访问南开大学 WWW 服务器,“index. html”指出要访问主页的路径与文件名。

图3-4　URL 地址示意图

从前面的例子中可以看出,文件名总是出现在 URL 地址的最后部分。如果在 URL 地址中没有出现文件名,WWW 服务器就假设 index. html 文件中包含请求的主页。因此,在没有输入请求主页的文件名时,WWW 服务器会默认将网站的首页发送给客户端。

4. 主页的概念

对于那些访问过 WWW 站点的用户来说,他们应该知道每个站点由很多主页组成。

WWW 环境中的信息以主页(Home Page)形式来显示：主页中通常包含有文本、图形、声音和其他多媒体文件，以及可以跳转到其他主页的超链接等。图3-5 列举了"北京交通运输职业学院"主页的例子。

图3-5　"北京交通运输职业学院"主页示意图

主页包含以下几种基本元素：文本、图形和超链接。文本是主页中最基本的元素，就是通常所说的文字；图形也是主页中的基本元素，一般使用 GIF 与 JPEG 两种图像格式；超链接用来跳转到其他主页或资源，它一般建立在文本和图形两种载体上，因此又分为文本超链接和图形超链接。另外，主页中常用的元素还有表格。主页是用超文本标记语言(HTML)书写的，HTML 文档通常以.html 或.htm 作为文件扩展名。HTML 语言是一种结构化的编程语言，当使用编辑工具打开一个 HTML 文档时，会发现文档的结构性非常明显。HTML 化语言使用 < 标记 >."</标记 >"的结构描述所有内容，包括头部信息、段落、列表与超链接等。HTML 文档经过 WWW 浏览器的解释执行后，才能够将主页的内容显示在计算机上。

5. WWW 浏览器的概念

WWW 浏览器是用来浏览 Internet 上的主页的客户端软件。WWW 浏览器为用户提供了访问 Internet 上内容丰富、形式多样的信息资源的便捷途径。使用 WWW 服务浏览主页时，在 WWW 服务器上主页是以 html 文件的形式存在的，这样在浏览的过程中就需要有人来沟通。图3-6 描绘了 WWW 浏览器的工作原理。使用 WWW 服务浏览主页时，首先由浏览器与 WWW 服务建立 HTTP 连接，然后向 WWW 服务器发出访问主页信息的请求；WWW 服务器根据客户的请求找到被请求的主页，然后将 html 文件返回给 WWW 浏览器；浏览器对接收到的 html 文件进行解释，最后在本地计机的屏幕上显示主页信息。

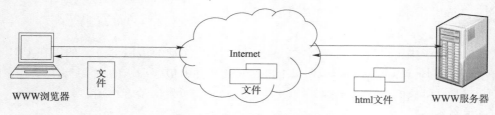

图3-6　WWW 浏览器的工原作理示意图

目前，各种 WWW 浏览器的功能都很强大，利用它可以访问 Internet 上的各类信息。更重要的是,WWW 浏览器基本上都支持多媒体特性,可以通过浏览器来播放声音、动画与视频,使得 WWW 世界变得更加丰富多彩。目前,WWW 浏览器数量很多,其中 Windows 操作系自带 Internet Explorer8.0 浏览器,基于 IE8 二次开发的浏览器在国内也层出不穷,例如傲游浏览器、搜狗浏览器、360 安全浏览器等。

二、搜索引擎

Internet 中拥有数以百万计的 WWW 服务器,而且 WWW 服务器提供的信息种类也极为丰富。如果要求用户了解每台 WWW 服务器的主机名,以及它所提供的信息或资源的种类,简直就是天方夜谭。那么,用户如何在数百万个网站中快速、有效地查找到想要得到的信息呢?这就需要借助于 Internet 中的搜索引擎。

搜索引擎是 Internet 上的一个 WWW 服务器,它的主要作用是在 Internet 中主动搜索其他服务器中的信息并对其自动索引,并将索引内容存储在可供查询的大型数据库中。因此,搜索引擎实际上是包含 Internet 各方面信息的庞大数据库。利用搜索引擎提供的分类目录和查询功能,用户可以轻松地找到自己需要查找的信息。目前,Internet 上有很多流行的搜索引擎,例如 Baidu、Yahoo、Google 和 Excite,如图 3-7 所示。尽管这些搜索引擎的具体操作或多或少都有所不同,但是它们通常都由三个部分组成:Web 蜘蛛、数据库和搜索工具。

图 3-7　Google、Baidu 搜索引擎示意图

其中,Web 蜘蛛用于在 Internet 上收集信息,数据库负责存储 Web 蜘蛛收集到的信息,搜索工具为用户提供检索数据库的方法。搜索引擎必须不断地更新自己的数据库,以使它能够反映出 Internet 上的最新信息。每个搜索引擎都至少包含有一个 Web 蜘蛛,它按事先设定的规则来收集其中的特定信息。当 Web 蜘蛛发现了新的文档或 URL 地址时,就会通过自身的软件代理收集文档的信息和 URL,并将这些信息发送给搜索引擎的索引软件。索引软件从这些文档中摘录出需要建立索引的信息,并将这些信息存放在数据库中为它们建立索引。

索引类型决定了搜索引擎可以提供的搜索服务类型,以及返回的索引结果最终的显示方式。每种搜索引擎使用不同方法对数据库中的信息进行检索,有的搜索引擎对文档中的每个字词都进行检索,而有的搜索引擎只对文档中的 100 个关键字词进行检索。每种搜索引擎返回搜索结果的方式也不同,有的搜索引擎会对搜索结果的价值进行评价,有的搜索引擎会显示文档开头的几个句子,而有的搜索引擎会显示文档的标题以及 URL 地址。

当我们在搜索引擎的主页中输入所需信息的关键字,搜索引擎将按照所指定的规则在数据库中搜索关键字,并将搜索结果通过包含搜索结果的网页来显示,如图 3-8 中,百度搜索引擎就列出了搜索"计算机网络基础"的结果。当我们用鼠标单击感兴趣的文档对应的链接时,就可以只跳转到这个文档所在的网页。但是,这个文档并没有存放在搜索引擎的数据库中,也没有存放在搜索引擎所在的站点中,而是仍在这个文档原来所在的站点中。

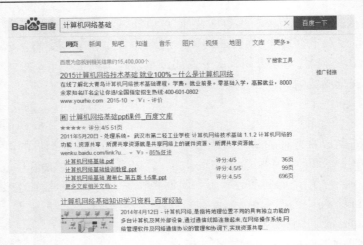

图 3-8 百度搜索引擎搜索"计算机网络基础"结果显示示意图

三、网络论坛(BBS)

网络论坛是一个和网络技术有关的网上交流场所,就是常说的 BBS。BBS 的英文全称是 Bulletin Board System,翻译为中文就是"电子公告板"。BBS 最早是用来公布股市价格等类信息的,当时 BBS 连文件传输的功能都没有,而且只能在苹果计算机上运行。如今几乎每个行业都有一个自己在网络中进行交流的区域,论坛是最好的地方。

大约从 1991 年开始,国内开始有了第一个 BBS 站。经过长时间的发展,直到 1995 年,随着计算机及其外设的大幅降价,BBS 才逐渐被人们所认识。1996 年更是以惊人的速度发展起来。国内的 BBS 站,按其性质划分,可以分为 2 种:一种是商业 BBS 站,如新华龙讯网;另一种是业余 BBS 站,如天堂资讯站。由于使用商业 BBS 站要交纳一笔费用,而商业站所能提供的服务与业余站相比,并没有什么优势,所以其用户数量不多。多数业余 BBS 站的站长,基于个人关系,每天都互相交换电子邮件,渐渐地形成了一个全国性的电子邮件网络 China Fido Net (中国惠多网)。于是,各地的用户都可以通过本地的业余 BBS 站与远在异地的网友互通信息。这种跨地域电子邮件交流正是商业站无法与业余站相抗衡的根本因素。由于业余 BBS 站拥有这种优势,所以使用者都更乐意加入。这里"业余"二字,并不是代表这种类型的 BBS 站的服务和技术水平是业余的,而是指这类 BBS 站的性质。一般 BBS 站都是由志愿者开发的。他们付出的不仅是金钱,更多的是精力。其 BBS 论坛目的是为了推动中国计算机网络的健康发展,提高广大计算机用户的应用水平,论坛更有利学习互动交流,如图 3-9 所示。

图 3-9 网络论坛主页示意图

任务三　电子邮件服务

任务描述

电子邮件服务(Email 服务)是目前最常见、应用最广泛的一种互联网服务。通过电子邮件,可以与 Internet 上的任何人交换信息。电子邮件与传统邮件比有传输速度快、内容和形式多样、使用方便、费用低、安全性好等特点。通过对相关网络的认识,最终能够掌握电子邮件的收、发方法。

相关知识

一、电子邮件服务(E-mail)

电子邮件服务是 Internet 服务的重要组成部分,Internet 的发展史中电子邮件的发展占有很重要的一席之地。电子邮件服务是 Internet 最早提供的服务之一,也是目前 Internet 中最常用的一种服务。世界上每时每刻有数以亿计的人在使用电子邮件。

1)电子邮件的概念

电子邮件服务又称为 E-mail 服务,它是指用户通过 Internet 发送信件。电子邮件为用户提供了一种方便、快速和廉价的通信手段。电子邮件服务在国际交流中发挥着重要作用,在传统通信中需要几天完成的传递过程,电子邮件系统仅用几分钟,甚至几秒钟就可以完成。目前,电子邮件不但可以传输文本信息,还可以传输图像、声音、视频等多媒体信息。

2)邮件服务器

现实生活中存在的邮政系统已有近千年的历史。各国的邮政系统要在自己管辖的范围内设立邮局,在用户家门口设立邮箱,让一些人担任邮递员,负责接收与分发信件。各国的邮政部门要制订相应的通信协议与管理制度,甚至要规定信封按什么规则书写。正是由于有一套严密的组织体系与通信规程,才能保证世界各地的信件能够及时、准确地送达,世界范围的邮政系统有条不紊地运转着。电子邮件系统也具有与现实生活中的邮政系统相似的结构与工作规程。不同之处在于:现实生活中的邮政系统是由人在运转着,而电子邮件是在计算机网络中通过计算机、网络、应用软件与协议来协调、有序地运行着。电子邮件系统中同样设有邮局——电子邮件服务器:电子邮件系统中同样设有邮箱——电子邮箱,并有自己的电子邮件地址书写规则。

电子邮件服务器(E-mail server)是电子邮件系统的核心,它的作用与日常生活中的邮局的作用相似。电子邮件服务器的主要作用是:接收用户发送来的电子邮件,并按收件人地址转发到对方的电子邮件服务器中:接收由其他电子邮件服务器发来的邮件,并按收件人地址分发到相应的电子邮箱中。

3)电子邮箱

如果我们要使用电子邮件服务,先要有自己的电子邮箱(E-mail Box)。电子邮箱是由提供电子邮件服务的机构(一般是 ISP)为用户建立的。当某个用户向 ISP 申请 Internet 账号时,

ISP 会在邮件服务器上建立该用户的电子邮件账号,它包括用户名(User name)与密码(Password)。我们在发送与接收电子邮件时,需要使用专用的电子邮件客户端软件,通过它与电子邮件服务器建立联系。任何人都可以将电子邮件发送到电子邮箱中,但是只有电子邮箱的拥有者输入正确的用户名和密码,才能查看电子邮件内容或处理电子邮件。

4)电子邮件地址

每个电子邮箱都有自己的邮箱地址,我们将它称为电子邮件地址(E-mail Address)。每个电子邮件地址在全球范围内是唯一的,而它的书写格式也是全球统一规定的。电子邮件地址的格式是:用户名@ 主机名。其中,主机名是指拥有独立地址的电子邮件服务器,用户名是指在该服务器上为用户建立的电子邮件账号。例如,电子邮件地址为"computer-network @ dma800. com",其中,"computer-network"为电子邮件账号,"@ "符号读作"at","dma800. com"为电子邮件服务器名。因此,"computer-network@ dma800. com"表示:在 dma800 的电子邮件服务器上,有一个名为 computer-network 的电子邮件账号。

5)电子邮件的工作原理

电子邮件服务是最常用的 Internet 服务功能。电子邮件的发送方式与大部分 Internet 数据的发送方式相同,首先由 TCP 协议将电子邮件信息划分成分组,然后由 IP 协议将这些分组发送到正确的目的地址,最后由 TCP 协议在电子邮件服务器上重组这些分组,这时就可以恢复成原始的、可读的电子邮件。

(1)电子邮件服务系统结构

电子邮件服务采用的是客户端/服务器工作模式。电子邮件系统可以分为两个部分:电子邮件服务器与电子邮件客户。电子邮件服务器是提供电子邮件服务的服务器端软件,它负责发送、接收、转发与管理电子邮件;电子邮件客户是使用电子邮件服务的本地计算机上的客户端软件,电子邮件服务使用的协议主要有三种:简单邮件传输协议(Simple Mail Transfer protocol,SMTP)、邮局协议(Post Office Protocol,POP3)和交互式邮件存取协议(Interactive Mail Access Protocol,IMAP),它们是客户端和电子邮件服务器之间相互通信的协议。其中,SMTP 协议用来发送电子邮件,POP3 和 IMAP 协议用来接收电子邮件。

图 3-10 所示的是电子邮件服务系统结构。在电子邮件服务器端,包括用来发送电子邮件的 SMTP 服务器,用来接收电子邮件的 POP3 服务器或 IMAP 服务器,以及用来存储电子邮件的电子邮箱;而在电子邮件客户端,包括用来发送电子邮件的 SMTP 代理,用来接收电子邮件的 POP3 代理,以及为用户提供管理界面的用户接口程序。

用户通过客户端访问电子邮件服务器中的电子邮件,电子邮件服务器根据客户端请求对电子邮箱中的电子邮件做适当处理。客户端使用 SMTP 协议向电子邮件服务器中发送电子邮件;客户端应用程序使用 POP3 协议或 IMAP 协议从电子邮件服务器中接收电子邮件。至于使用哪种协议接收电子邮件,取决于电子邮件服务器与客户端支持的协议类型,一般的电子邮件服务器与客户端至少会支持 POP3 协议。

(2)工作原理

图 3-11 所示是电子邮件服务的工作原理。发送方通过自己的电子邮件客户端,将电子邮件发送到接收方的邮件服务器,这是电子邮件的发送过程;接收方通过自己的电子邮件客户端,将从自己的电子邮件服务器下载电子邮件,这是电子邮件的接收过程。

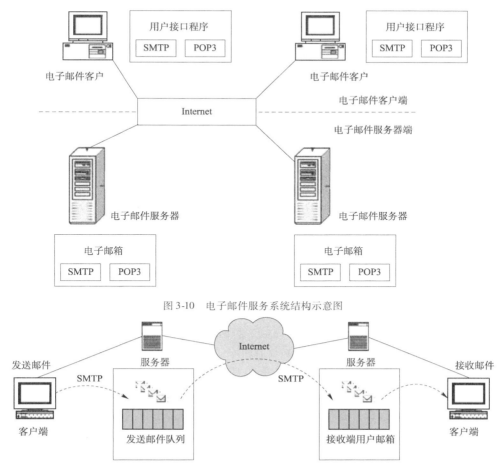

图 3-10　电子邮件服务系统结构示意图

图 3-11　电子邮件服务的工作原理

如果发送方要发送电子邮件,首先通过电子邮件客户端书写电子邮件,然后将电子邮件发送给自己的电子邮件服务器;发送方的电子邮件服务器接收到电子邮件后,根据收件人地址发送到接收方的电子邮件服务器中;接收方的电子邮件服务器收到其他服务器发送的电子邮件后,根据收件人地址分发到收件人的电子邮箱中。如果接收方要接收电子邮件,首先通过电子邮件客户端访问电子邮件服务器,从自己的电子邮箱中读取电子邮件,然后可以对这些电子邮件进行相应的处理。至于电子邮件在 Internet 中如何传输到电子邮件服务器,整个传输过程是非常复杂的,但是这个传输过程并不需要用户介入。

（3）电子邮件客户端软件

在计算机中安装电子邮件客户端软件后,就能够使用 Internet 中的电子邮件服务功能。电子邮件客户端软件主要有两个功能:负责将写好的电子邮件发送到电子邮件服务器中;负责从电子邮件服务器中读取和处理电子邮件。图 3-12 所示是电子邮件的接收过程。如果有人通过 Internet 给你发送电子邮件,电子邮件并不是直接发送到你的计算机,而是首先存储在电子邮件服务器的硬盘中,电子邮件客户端软件登录到电子邮件服务器后,会看到电子邮件服务器中所有新邮件的列表,其中包括发送者、邮件主题、发送日期与时间等信息,如果我们想阅读列表中的某封电子邮件,则需要使用电子邮件客户端软件将电子邮件下载到自己的计算机,这时我们就可以保存、删除或回复这封电子邮件。

图 3-12　电子邮件的接收过程示意图

电子邮件客户端软件可以运行在大多数操作系统平台上,包括 Windows、UNIX 与 Linux 等。各种电子邮件客户端软件提供的功能基本相同,通过它们都可以完成以下这些操作功能:

①书写与发送电子邮件;

②接收、转发、回复与删除电子邮件;

③账号、邮箱与通信簿管理。

目前,大部分电子邮件客户端软件可以阅读 HTML 格式的电子邮件,这样就可以在电子邮箱中接收格式完整的主页。当单击 HTML 格式的电子邮件中的超链接时,就会自动启动 WWW 浏览器并访问超链接指向的主页。电子邮件客户端软件的种类非常多,提供的电子邮件处理功能也基本相同。目前,常用的电子邮件客户端软件主要有 Microsoft 公司的 Outlook Express 软件以及国内很有名的 Foxmail 软件等。

还有一种以 IE 浏览器作为客户端的电子邮件系统,称为 Web 页面的电子邮件,这样的电子邮件系统不需要在本地计算机中安装任何电子邮件客户端软件,只要计算机中装有 IE 浏览器或其他网页浏览器就可以直接在网站的页面中登录自己的邮箱进行操作,例如 sina、163、hotmail 的邮箱,如图 3-13 所示。使用这样的邮件系统,需要在提供服务的网站上注册用户名以及设置密码。由于 Web 页面电子邮件系统对客户端没有要求,使用方便,所以近年来受到用户广泛的青睐。通过浏览器登录方便地收发邮件已经成为多数 Internet 用户的第一选择。

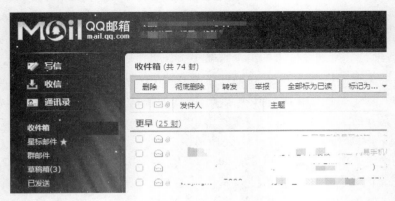

图 3-13　个人邮箱登录示意图

需要指出的是,Web 页面电子邮件系统在工作原理以及邮件的传输方式上并没有发生改变,仍然采用了以上提到的三种电子邮件的协议(SMTP、POP3、IMAP)。

二、文件传输服务（FTP）

文件传输服务是 Internet 中最重要的服务功能之一，它也是在早期 Internet 中文件存储以及传输的主要途径。虽然目前 P2P 的文件传输方式非常流行，但仍然有约 30% 的文件通过 FTP 的方式从 Internet 下载到用户的计算机中。

1）文件传输的概念

文件传输服务又被称为 FTP 服务，这是因为它遵循 TCP/IP 协议簇中的文件传输协议（File Transfer Protocol，FTP）FTP 服务允许用户将文件从一台计算机传输到另一台计算机中，并能保证文件在 Internet 中传输的可靠性。Internet 使用 TCP/IP 协议作为基本协议，无论两台计算机在地理位置上相距多远，只要这两台计算机都支持 FTP 协议，那么它们之间都可以相互传输文件。

2）下载与上传

FTP 服务与其他 Internet 服务类型相似，也是采用客户端/服务器工作模式。FTP 服务器是指提供 FTP 服务的计算机；FTP 客户端是指用户的本地计算机。本地计算机中需要运行 FTP 客户端软件，由它负责与 FTP 服务器之间进行通信。图 3-14 说明了下载与上传的概念。下载是指将文件从 FTP 服务器传输到 FTP 客户端；而上传是指将文件从 FTP 客户端传输到 FTP 服务器。

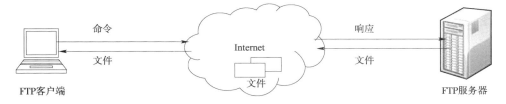

图 3-14 文件传输服务 FTP 下载与上传示意图

许多 Internet 主机中有数量众多的程序与文件，这是 Internet 庞大的、宝贵的信息资源，用户使用服务可以方便地访问这些信息资源。如果用户使用 FTP 服务来传输文件，并不需要对文件进行复杂的转换工作，因此 FTP 服务的工作效率是比较高的。每个连接到 Internet 的计算机都可以使用 FTP 服务方便地传输文件，这相当于拥有一个相当庞大的文件存储库，这个优势是单个计算机所无法比拟的。在 Internet 中传输文件时经常会遇到一个问题，传输某些存储容量大的文件需要的时间很长，特别是使用 MODEM 访问 Internet 时问题更严重。为了提高文件传输速度与节省服务器的存储空间，FTP 服务器中的文件通常使用压缩软件进行压缩。根据压缩软件与文件类型的不同，文件通常可以压缩到原来容量的 10% ~ 60%，当我们将压缩后的文件下载到自己的计算机中后，需要使用合适的压缩软件进行解压缩后才能使用。

3）FTP 服务器账号

如果用户要使用 FTP 服务器提供的服务，首先要从客户端登录到 FTP 服务器上，这时就需要输入 FTP 服务器名或 IP 地址。每个 FTP 服务器都有 FTP 服务器名，每个 FTP 服务器名在全球范围内是唯一的。图 3-15 列举了服务器名的例子。图中的 FTP 服务器名为"ftp://tsinghua. edu. cn"。其中，"ftp"表示提供 FTP 服务，"tsinghua. edu. cn"表示清华大学的主机。因此，"ftp://tsinghua. edu. cn"表示是清华大学的服务器。另外，当用户要登录到某个 FTP 服务器时,还需要输入用户名(FTP 账号)与密码。Internet 中的一些 FTP 站点是专用的,只允许拥有合法账号的特定用户进入。

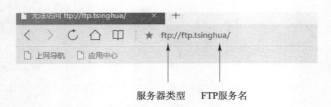

图 3-15　FTP 服务器账号示意图

目前,大多数 FTP 站点都提供匿名 FTP 服务,这类 FTP 站点被称为匿名 FTP 站点。匿名 FTP 服务的实质是:在 FTP 服务器上建立公开的用户名(一般为 anonymous),并给该用户赋予访问公共目录的权限。如果用户要访问这些匿名 FTP 站点,也需要输入合法的 FTP 账号与密码,这时可以使用"anonymous"作为用户名,使用自己的电子邮件地址作为密码。为了保证 FTP 服务器的安全,几乎所有匿名 FTP 站点都只提供文件下载服务。

4)FTP 服务的工作原理

FTP 服务采用的是客户端/服务器模式。FTP 服务器上运行着一个 FTP 守护进程(FTP Daemon),这个程序负责为用户提供下载与上传文件的服务。

(1)FTP 服务器目录结构

FTP 服务器是指提供 FTP 服务的 Internet 主机,它通常是信息服务提供者的联网计算机,可以看作是一个非常大的文件仓库。文件在 FTP 服务器中是以目录结构保存的,用户在 FTP 服务器中需要打开一级级目录才能找到文件。图 3-16 所示是 FTP 服务器的目录结构。例如,图 3-16 中的目录结构是"/movi/other/百家讲坛",在"百家讲坛"子目录中保存着可供下载的文件。

FTP服务器的目录结构

图 3-16　FTP 服务器的目录结构示意图

(2)FTP 服务的工作原理

图 3-17 所示是 FTP 服务的工作原理。FTP 客户端向 FTP 服务器发出登录请求,FTP 服务

器要求 FTP 客户端提供 FTP 账号与密码;当 FTP 客户端成功登录到 FTP 服务器后,FTP 客户端与 FTP 服务器之间建立了一条命令链路,FTP 客户端通过命令链路向 FTP 服务器发出命令,FTP 服务器也通过命令链路向 FTP 客户端返回响应信息。这时,FTP 客户端上看到的是 FTP 服务器中的目录结构。

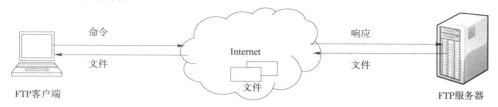

图 3-17 FTP 服务的工作原理示意图

如果用户想改变在服务器中的当前目录,FTP 客户端通过命令链路向 FTP 服务器发出改变目录命令,FTP 服务器通过命令链路返回改变后的目录列表。如果用户想下载当前目录下的某个文件,FTP 客户端通过命令链路向 FTP 服务器发出下载文件命令,FTP 客户端与 FTP 服务器之间建立了一条数据链路。数据链路可以通过两种模式打开:ASCII 模式或二进制模式。其中,ASCII 模式适合传输文本文件,二进制模式适合传输二进制文件。数据链路在文件下载完成后将自动关闭,而命令链路在登录结束后才会自动关闭。

5)FTP 客户端软件

目前,常用的 FTP 客户端软件主要有三种类型:传统的 FTP 命令行程序、WWW 浏览器与专用的 FTP 客户端软件。其中,传统的 FTP 命令行是最早的 FTP 客户端程序,它在早期的 Windows 操作系统中仍在使用,但是首先需要进入 MS-DOS 窗口。FTP 命令行包括了 50 多条命令,对于初学者来说是比较难使用的。目前,大多数浏览器不但支持 WWW 服务中网页的浏览,还可以直接从浏览器登录到 FTP 服务器中。人们可以通过 WWW 浏览器登录到 FTP 服务器并下载文件。图 3-18 给出了 WWW 浏览器的 FTP 登录方式。例如,如果要访问清华大学的 FTP 服务器,只需要在 URL 地址栏中输入"ftp://ftp. tsinghua. edu. cn"。

图 3-18 WWW 浏览器的 FTP 登录方式示意图

专用的 FTP 客户端软件只支持 FTP 访问模式。当使用 FTP 命令行或 WWW 浏览器从 FTP 服务器下载文件时,如果在下载过程中由于网络故障而出现连接中断,那么已经下载完的那部分文件将会丢失。专用的 FTP 客户端软件就可以解决这个问题,通过断点续传功能可以继续进行文件剩余部分的传输。目前,常见的专用 FTP 客户端软件主要有 cuteFTP、LeapFTP、AceFTP、BulleFTP 与 WS-FTP 等。其中,CuteFTP 是较早的一种 FTP 户端件,它的功能比较强大,支持断点续传、文件拖放与自动更名等功能。cuteFTP 的使用方法非常简,但是使用它只能访问 FTP 服务器。CuteFTP 是一种共享软件,可以从很多提供共享软件的站点认获得。

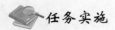任务实施

实训 3-1 WWW 服务器的安装与配置

实训名称:WIN2000 下 WWW 服务器的安装和配置。

实训目的:学会 WIN2000 下 WWW 服务器的安装配置和管理。

实训内容:(1)WIN2000 下 WWW 服务的添加和删除。

(2)WWW 服务的配置和管理。

(3)网页发布(普通网页和 ASP 网页)。

(4)在客户端使用浏览器浏览 WEB 站点。

实训步骤:

1. WIN2000 下 WWW 服务的添加和删除

打开控制面板,单击[添加/删除程序]图标,出现添加/删除程序对话框,在该对话框的左边有三个按钮,单击[添加/删除 Windows 组件]按钮,打开 Windows 组件安装向导对话框,如图 3-19 所示。

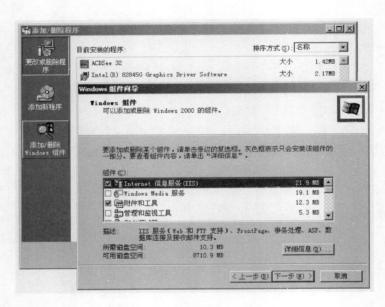

图 3-19

图 3-19 中,列出了 WIN2000 系统自带的一些组件,在 WIN2000 中安装 WWW 服务需要添加[Internet 信息服务组件(IIS)]。把[Internet 信息服务组件(IIS)]前面的复选框选中(若发现该复选框已被选中,则说明该计算机上已经安装了 IIS 组件,如果想卸载,可去掉该复选框的选中标志,单击[下一步]),单击[详细信息…]按钮(注意 WIN2000 的 [Internet 信息服务组件(IIS)]不仅提供 WWW 服务,还提供 SMTP、NNTP 和 FTP 等服务,此处我们只需安装 WWW 服务,故单击该按钮,进入[Internet 信息服务组件(IIS)]的子组件选择对话框进行详细选择,去掉不需要的一些子组件),打开[Internet 信息服务组件(IIS)]子组件选择对话框,如图 3-20所示。

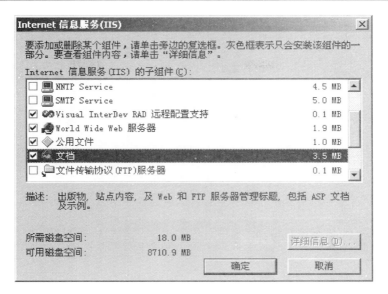

图　3-20

在图 3-20 中去掉 NNTP、SMTP 和 FTP 前面复选框中的勾,单击确定按钮,返回前一级对话框,在前一级对话框中,单击[下一步]按钮,开始文件复制,如图 3-21 所示,在文件复制时会要求插入 WIN2000 安装光盘,如图 3-21 所示,直接点[确定]。

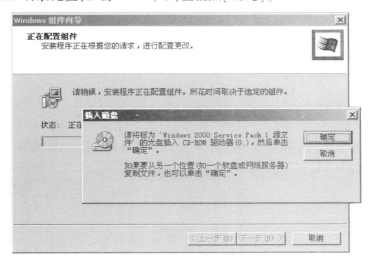

图　3-21

单击图 3-21 中[确定]后,出现如图 3-22 所示对话框,如果有光盘,插入光盘,单击[浏览…]按钮,选择光盘上的 I386 文件夹,单击[确定]按钮,进行安装即可。如果没有光盘,而安装文件在本地硬盘上(如在 E:\OS\WIN2KAS),则单击[浏览…]按钮,选择本地硬盘上 WIN2000 安装文件所在文件夹下的 I386 文件夹,单击[确定]按钮,进行安装即可。

完成上述操作后,在以后出现的对话框中,都直接单击[下一步]按钮,直至安装完成,如图 3-23 所示。

图 3-22

图 3-23

在安装完成后,在 Windows 2000 的系统安装盘上将出现 Inetpub 文件夹,如图 3-24 所示。

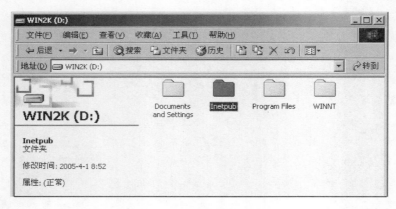

图 3-24

2. WWW 服务的配置和管理

WWW 服务安装完成后,就可以打开[Internet 服务管理器]对 WWW 服务进行配置和管

78

理,打开[Internet 服务管理器]的方法如图 3-25 所示。

图　3-25

在图 3-25 所示的菜单上选择[Internet 服务管理器],屏幕显示如图 3-26 所示。

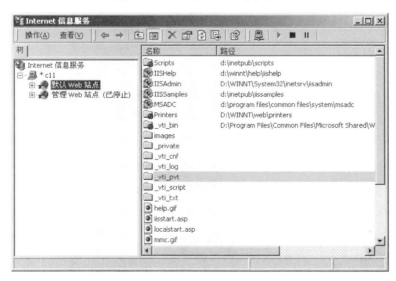

图　3-26

1)主目录设置

在图 3-26 中,在[默认 Web 站点]上按鼠标右键,在弹出的菜单中选择[属性]菜单项,打开[默认 Web 站点属性]对话框,如图 3-27 所示。

2)默认文档设置

默认文档设置如图 3-28 所示。

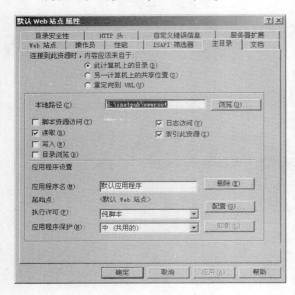

图 3-27　　　　　　　　　　　　　　　　　　　图 3-28

3)服务端口设置

服务器端口设置如图 3-29 所示。

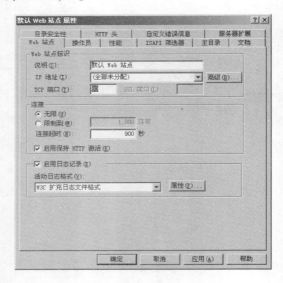

图 3-29

4)虚拟目录设置

通过虚拟目录可以将不在主目录下的目录映射为主目录下的一个虚目录,以方便用户使用和管理员管理。创建一个虚拟目录,应在[默认 Web 站点]上单击鼠标右键,在弹出的菜单中依次选择[新建/虚拟目录]，如图 3-30 所示。

图　3-30

在图 3-30 中单击[虚拟目录]菜单项后，打开虚拟目录创建向导，如图 3-31 所示。

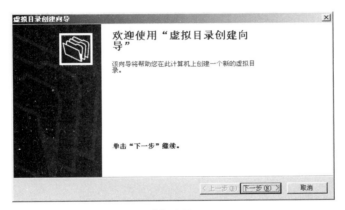

图　3-31

在图 3-31 中单击[下一步]按钮后，进入如图 3-32 所示对话框，输入虚拟目录名字。

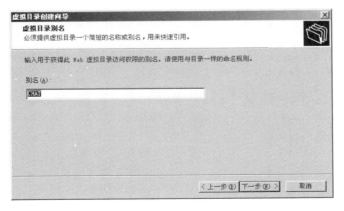

图　3-32

在图 3-32 中单击[下一步]按钮后,进入图 3-33 所示对话框,输入虚拟目录对应真实目录的名字。

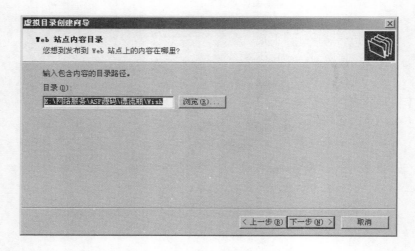

图 3-33

在图 3-33 中单击[下一步]按钮后,完成虚拟目录创建,结果如图 3-34 所示。

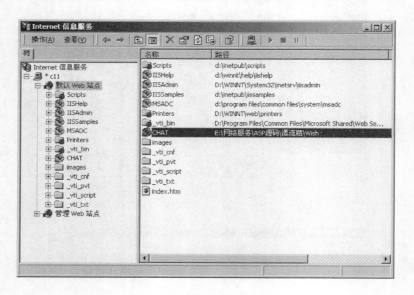

图 3-34

3. 网页发布

WWW 服务器配置好后,就可以发布网页和进行测试了。发布网页可以发布到主目录和主目录下的子目录下。也可以放在任意目录下,然后把该目录映射为主目录下的一个虚拟目录。另外,发布的网页可以是静态网页(. htm),也可以是动态网页(. asp)。

4. 在客户端使用浏览器浏览 WEB 站点

在浏览器的地址栏内输入网址进行浏览,完整的网址格式如下:

http：//WWW 服务器 IP 地址：端口号/路径名/网页文件名。

说明：省略端口号时，默认的端口是 80，省略网页文件名时，使用默认文档。即可使用浏览器浏览 Web 站点，如图 3-35 所示。

图 3-35　客户端使用浏览器浏览 Web 站点示意图

实训 3-2　配置电子邮件服务器

实训内容：配置电子邮件服务器。

实训步骤：

（1）安装各组件，如图 3-36 所示。

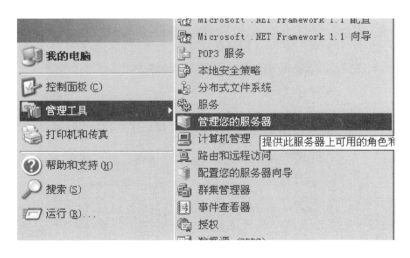

图　3-36

（2）添加服务器角色（邮件服务器）如图 3-37 ~ 图 3-39 所示。

（3）选择验证方法，输入需要使用的邮件域名。例如 test.com，如图 3-40 所示。

83

图 3-37

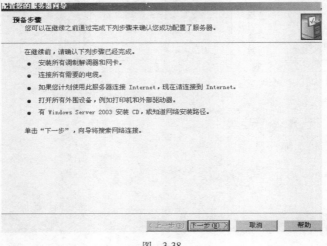

图 3-38

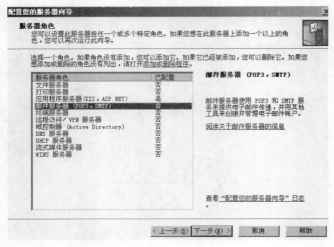

图 3-39

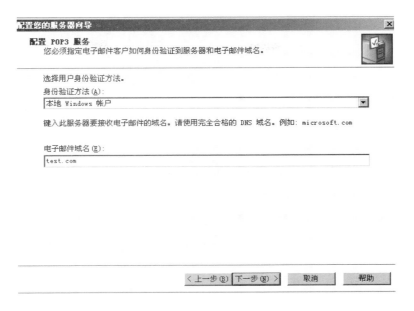

图　3-40

（此处的 test. com 可以设置任意名称，比如本实训中使用的 amail@ test. com）单击［下一步］，如图 3-41 所示。

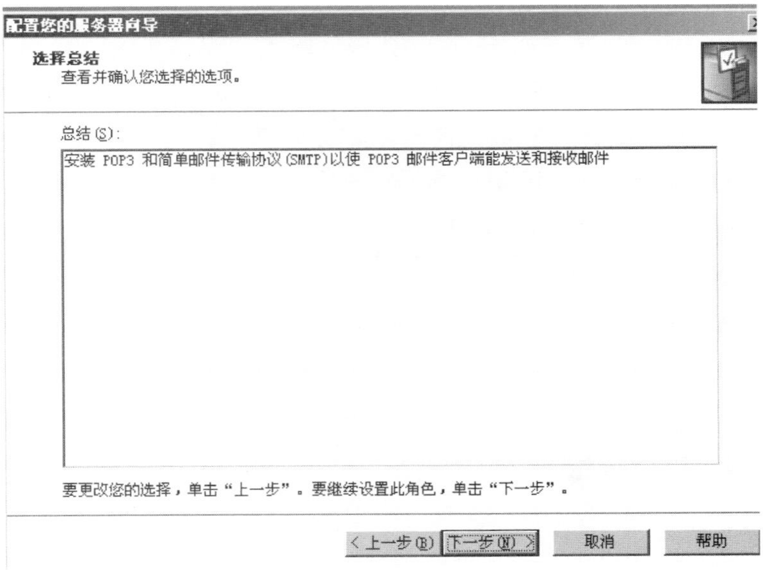

图　3-41

（4）配置 SMTP 和 POP3，如图 3-42 及图 3-43 所示。

单击右键，选择"属性"，此处设置为本机的 IP 地址，如图 3-44 所示。

单击"默认 SMTP 虚拟服务"的加号，选择"域"，进而选中"test. com"，如图 3-45 所示。

再在"管理工具"中找到"POP3 服务",如图 3-46 所示。

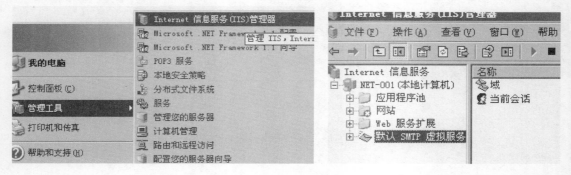

图 3-42   图 3-43

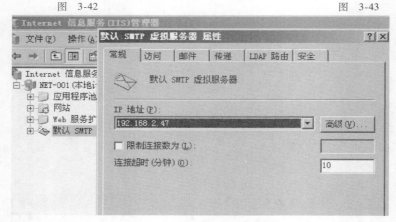

图 3-44

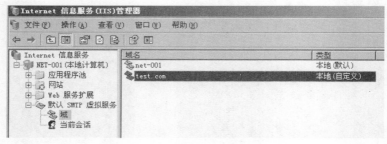

图 3-45

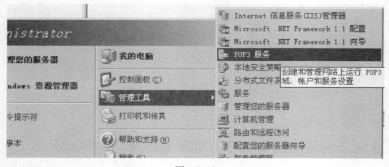

图 3-46

选定所设置的域名,例如前面的 test. com,并且添加两个邮箱,如图 3-47 所示。

图　3-47

(5)用 Outlook 验证,如图 3-48 所示。

图　3-48

(6)创建两个邮件账户,步骤如图 3-49 ~ 图 3-53 所示。

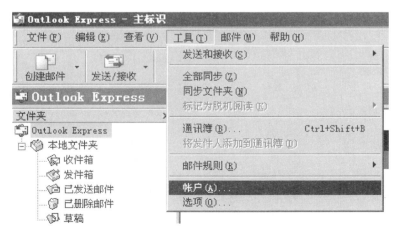

图　3-49

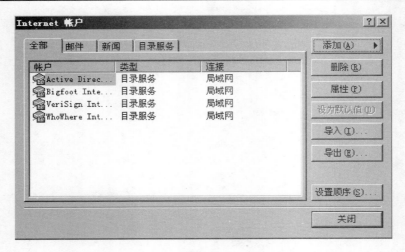

图 3-50

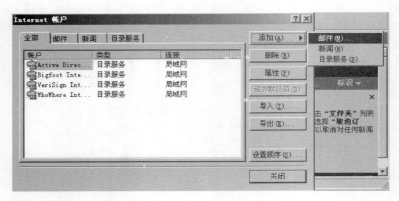

图 3-51

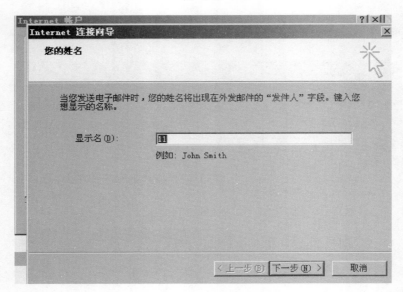

图 3-52

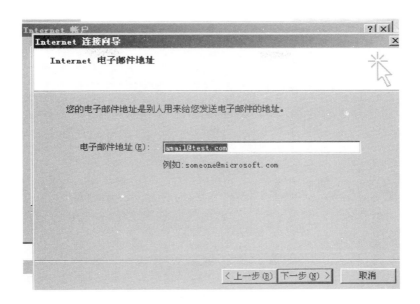

图 3-53

此处设置为本机的 IP 地址,如图 3-54 所示。

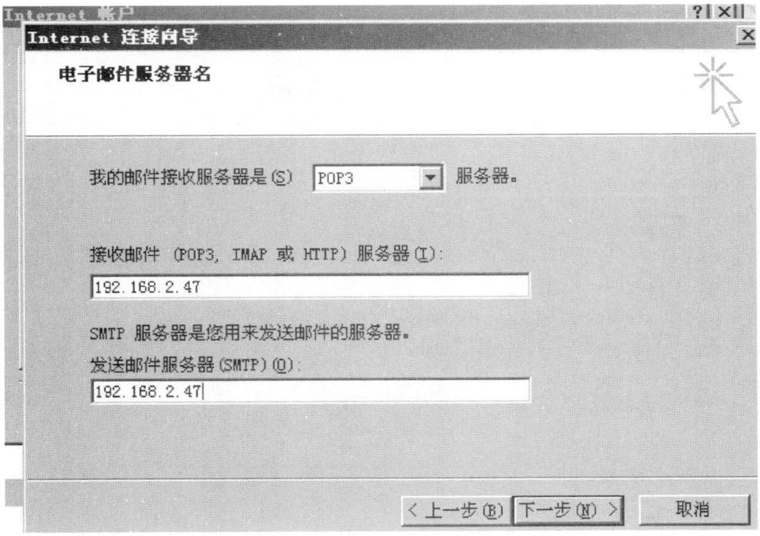

图 3-54

此处的账户不可以加后缀,如图 3-55 和图 3-56 所示。

打开该邮件属性,按照图 3-57 设置服务器选项如下：

注意:此处的接收邮件务器地址要设置为本机的 IP 地址,账户要加后缀名。

同样的方法再创建一个邮件账户 bmail 。

(7)登录一个邮箱给另一个邮箱发送一封邮件(比如使用 amail 给 bmail 发送一封邮件)。

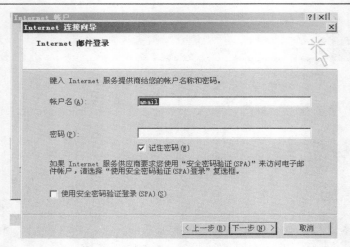

图　3-55

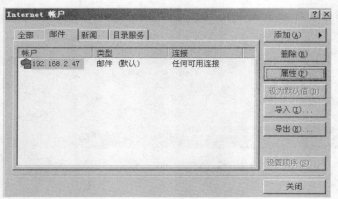

图　3-56

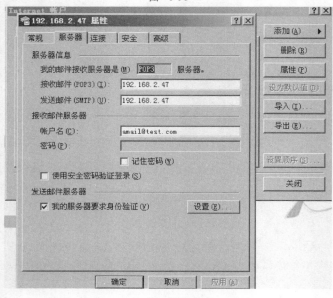

图　3-57

(8)登录邮箱给自己发一封邮件(比如使用 amail 给 amail 发一封邮件)。

完成上述设置后还可以:在局域网中创建一个邮箱服务器(某台固定的 Windows2003 网络操作系统),给局域网中的若干主机分别分配若干个不同的邮箱账户,(给不同的客户机创建一个 outlook 账户)让不同的主机之间(客户机)可以通过 outlook 进行通信,实际上就是实现在局域网中使用学校内部的邮件服务器,不需要通过外网进行,而平时所发送的邮件都是利用的外网的服务器发送和接收邮件(如 qq 邮箱、163 邮箱、新浪邮箱)。

 知识拓展

网 络 地 址

1. 网络地址

网络地址(Network address)是指互联网上的节点在网络中具有的逻辑地址。

互联网络是由互相连接的带有连结结点(称为主机和路由器)的 LAN 组成的。每个设备都有一个物理地址连接到具有 MAC 层地址的网络,每个结点都有一个逻辑互联网络地址。因为一个网络地址可以根据逻辑分配给任意一个网络设备,所以又叫逻辑地址。网络地址通常可分成网络号和主机号两部分,用于标识网络和该网络中的设备。采用不同网络层协议,网络地址的描述是不同的。IP 协议则用 32 位二进制来表示网络地址,一般就叫作 IP 地址。MAC 地址用于网络通信,网络地址是用于确定网络设备位置的逻辑地址。

2. 网络 IP 地址

1)IP 地址的基本概念

Internet 依靠 TCP/IP 协议,在全球范围内实现不同硬件结构、不同操作系统、不同网络系统的互连。在 Internet 上,每一个节点都依靠唯一的 IP 地址互相区分和相互联系。IP 地址是一个 32 位二进制数的地址,由 4 个 8 位字段组成,每个字段之间用点号隔开,用于标识 TCP/IP 宿主机。

每个 IP 地址都包含两部分:网络 ID 和主机 ID,如图 3-58 所示。网络 ID 标识在同一个物理网络上的所有宿主机,主机 ID 标识该物理网络上的每一个宿主机,从而 Internet 上的每个计算机都依靠各自唯一的 IP 地址来标识。

图 3-58 IP 地址的分配示意图

IP 地址构成了 Internet 的基础,它是如此重要,每一台联网的计算机无权自行设定 IP 地址,由一个统一的机构——IANA 负责对申请的组织分配唯一的网络 ID,而该组织可以对自己的网络中的每一个主机分配一个唯一的主机 ID,正如一个单位无权决定自己在所属城市的街道名称和门牌号,但可以自主决定本单位内部的各个办公室编号一样。

2)静态 IP 和动态 IP

IP 地址是一个 32 位二进制数的地址,理论上讲,有大约 40 亿(2 的 32 次方)个可能的地址组合,这似乎是一个很大的地址空间。实际上,根据网络 ID 和主机 ID 的不同位数规则,可以将 IP 地址分为 A(7 位网络 ID 和 24 位主机 ID)、B(14 位网络 ID 和 16 位主机 ID)、C(21 位网络 ID 和 8 位主机 ID)三类,由于历史原因和技术发展的差异,A 类地址和 B 类地址几乎分

配殆尽,目前能够供全球各国各组织分配的只有 C 类地址。所以说 IP 地址是一种非常重要的网络资源,如图 3-59 所示。

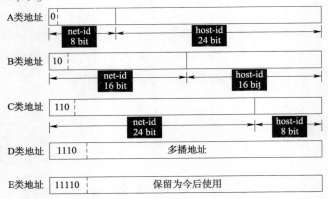

图 3-59　IP 地址中的网络号字段和主机号字段

对于一个设立了因特网服务的组织机构,由于其主机对外开放了诸如 WWW、FTP、E-mail 等访问服务,通常要对外公布一个固定的 IP 地址,以方便用户访问。当然,数字 IP 不便记忆和识别,人们更习惯于通过域名来访问主机,而域名实际上仍然需要被域名服务器(DNS)翻译为 IP 地址。用户可以方便地记忆,而对于大多数拨号上网的用户,由于其上网时间和空间的离散性,为每个用户分配一个固定的 IP 地址(静态 IP)是非常不可取的,这将造成 IP 地址资源的极大浪费。因此这些用户通常会在每次拨通 ISP 的主机后,自动获得一个动态的 IP 地址,该地址当然不是任意的,而是该 ISP 申请的网络 ID 和主机 ID 的合法区间中的某个地址。拨号用户任意两次连接时的 IP 地址很可能不同,但是在每次连接时间内 IP 地址不变。

3)IPv4 和 IPv6

(1)IPv4 地址

目前互联网使用的地址都是 IPv4 地址,长度占 32 位,通常用 4 个点分十进制数表示。为了给不同规模的网络提供必要的灵活性,IP 的设计者将 IP 地址空间划分为几个不同的地址类别,地址类别的划分就针对不同大小规模的网络。

A 类网:网络号为 1 个字节,定义最高位为 0,余下 7 位为网络号,主机号则有 24 位编址。用于超大型的网络,每个网络有 $16777216(2^{24})$ 台主机(边缘号码如全"0"或全"1"的主机有特殊含义,这里没有考虑)。全世界总共有 $128(2^7)$ 个 A 类网络,早已被分配完了。

B 类网:网络号为 2 字节,定义最高比特为 10,余下 14 位为网络号,主机号则可有 16 位编址。B 类网是中型规模的网络,总共有 $16384(2^{14})$ 个网络,每个网络有 $65536(2^{16})$ 台主机(同样忽略边缘号码),也已经被分配完了。

C 类网:网络号为 3 字节,定义最高 3 位为 110,余下 21 位为网络号,主机号仅有 8 位编址。C 类地址适用的就是较小规模的网络了,总共有 $2097152(2^{21})$ 个网络号,每个网络有 $256(2^8)$ 台主机(同样忽略边缘号码)。

D 类网:不分网络号和主机号,定义最高 4 位为 1110,表示一个多播地址,即多目的地传输,可用来识别一组主机。

如何识别一个 IP 地址的属性? 只需从点分法的最左边一个十进制数就可以判断其归属。

例如,1~126 属 A 类地址,128~191 属 B 类地址,192~223 属 C 类地址,224~239 属 D 类地址。除了以上四类地址外,还有 E 类地址,但暂未使用。

对于互联网 IP 地址中有特定的专用地址不作分配:

①主机地址全为"0"。不论哪一类网络,主机地址全为"0"表示指向本网,常用在路由表中。

②主机地址全为"1"。主机地址全为"1"表示广播地址,向特定的所在网上的所有主机发送数据包。

③四字节 32 位全为"1"。若 IP 地址 4 字节 32 位全为"1",表示仅在本网内进行广播发送。

④网络号 127。TCP/IP 协议规定网络号 127 不可用于任何网络。其中有一个特别地址:127.0.0.1 称之为回送地址(Loopback)也可称为回环地址,它将信息通过自身的接口发送后返回,可用来测试端口状态。

(2)IPv6 地址

IPv6 地址的长度为 128 位,也就是说可以有 2 的 128 次方个 IP 地址,相当于 10 的后面有 38 个零;如此庞大的地址空间,足以保证地球上每个人拥有一个或多个 IP 地址。

①IPv6 地址类型

在 RFC1884 中指出了三种类型的 IPv6 地址,他们分别占用不同的地址空间:

a. 单点传送:这种类型的地址是单个接口的地址。发送到一个单点传送地址的信息包只会送到地址为这个地址的接口。

b. 任意点传送:这种类型的地址是一组接口的地址,发送到一个任意点传送地址的信息包只会发送到这组地址中的一个(根据路由距离的远近来选择)。

c. 多点传送:这种类型的地址是一组接口的地址,发送到一个多点传送地址的信息包会发送到属于这个组的全部接口。

②IPv6 地址表示

对于 128 位的 IPv6 地址,考虑到 IPv6 地址的长度是原来的 4 倍,RFC1884 规定的标准语法建议把 IPv6 地址的 128 位(16 个字节)写成 8 个 16 位的无符号整数,每个整数用 4 个十六进制位表示,这些数之间用冒号(:)分开,例如:3ffe:3201:1401:1:280:c8ff:fe4d:db39

由于手工管理 IPv6 地址的难度太大,DHCP 和 DNS 的必要性在这里显得更加明显。为了简化 IPv6 的地址表示,只要保证数值不变,就可以将前面的 0 省略。

比如:1080:0000:0000:0000:0008:0800:200C:417A

可以简写为:1080:0:0:0:8:800:200C:417A

另外,还规定可以用符号::表示一系列的 0。那么上面的地址又可以简化为:1080::8:800:200C:417A

IPv6 地址的前缀(Format Prefix,FP)的表示和 IPv4 地址前缀在 CIDR 中的表示方法类似。比如 0020:0250:f002::/48 表示一个前缀为 48 位的网络地址空间。

③IPv6 地址分配

RFC1881 规定,IPv6 地址空间的管理必须符合 Internet 团体的利益,必须是通过一个中心权威机构来分配。目前这个权威机构就是 IANA(Internet Assigned Numbers Authority,Internet 分配号码权威机构)。IANA 会根据 IAB(Internet Architecture Board)和 IEGS 的建议来进行 IPv6 地址的分配。

目前 IANA 已经委派以下三个地方组织来执行 IPv6 地址分配的任务：

a. 欧洲的 RIPE-NCC；

b. 北美的 INTERNIC；

c. 亚太平洋地区的 APNIC。

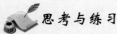 **思考与练习**

1. 请叙述互联网的定义？

2. 简述 Internet 在中国发展的三个阶段。

3. 简述任意一种 Internet 中的一种服务和应用及其特点。

4. 什么是域名？请简单介绍 Internet 的域名系统？

5. 域名与 IP 地址的对应关系是什么？

6. 简述 IP 地址的概念。

7. IP 地址的分类是什么？A 类、B 类和 C 类地址的适用范围是什么？

 项目总结

通过本项目的学习，能够掌握 Internet 的发展历程以及国内外的现状；并且可以了解 Internet 中的域名的概念，域名的结构，掌握 Internet 万维网、电子邮件、网络论坛的应用服务功能；了解 Internet 文件传输、搜索引擎以及其他应用服务功能。

项目四　网络安全与防护

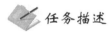 **项目描述**

　　随着计算机网络的普及,计算机网络已经进入到人们生活的各个方面,但伴随而来的问题就是网络安全与防护。众所周知,涉及的个人隐私或商业利益的信息在网络上传输时,时常受到威胁,本项目的学习,目的就是使同学们了解网络安全与防护的相关知识,进而采用各种技术和管理措施,使网络系统正常运行,从而确保网络数据的可用性、完整性和保密性。

任务一　了解网络安全基础知识

 **任务描述**

　　通过对本任务的学习,了解网络安全的概念,掌握威胁网络安全的因素,进而能够根据不同的威胁因素做出应对的策略。

相关知识

一、网络安全的概念

　　网络安全是指保护网络系统的软件、硬件及信息资源,使之免受偶然或恶意的破坏、篡改和泄露,保证网络的正常运行,以及网络服务不中断。网络安全从其本质上来讲就是网络上的信息安全。网络安全是一门涉及计算机科学、网络技术、通信技术、密码技术、信息安全技术、应用数学、数论、信息论等多种学科的综合性学科。

　　网络安全应具备五个特征。

　　(1)保密性:信息不泄露给非授权用户、实体或过程,或供其利用的特性。

　　(2)完整性:数据未经授权不能进行改变的特性,即信息在存储或传输过程中保持不被修改、不被破坏和丢失的特性。

　　(3)可用性:可以被授权实体访问并按需求使用的特性,即当需要时能否存取所需的信息。

　　(4)可控性:对信息的传播及内容具有控制能力。

　　(5)可审查性:对出现的安全问题提供调查的依据和手段。

二、威胁网络安全的因素

影响计算机网络安全的因素有很多，威胁网络安全则主要来自人为的无意失误、人为的恶意攻击和网络软件系统的漏洞以及"后门"三个方面的因素，归纳起来如下：

1. 应用系统和软件安全漏洞

Web 服务器和浏览器难以保障安全，最初人们引入 CGI 程序目的是让网页动起来，然而很多人在编 CGI 程序时对软件包并不十分了解，多数人不是新编程序，而是对程序加以适当的修改，这样一来，很多 CGI 程序就难免具有相同安全漏洞。且每个操作系统或网络软件的出现都不可能是完美无缺，因此始终处于一个危险的境地，一旦连接入网，将成为众矢之的。

2. 安全策略

安全配置不当会造成安全漏洞，例如：防火墙软件的配置不正确，则起不到作用。许多站点在防火墙配置上无意识地扩大了访问权限，忽视了这些权限可能会被其他人员滥用。网络入侵的目的主要是取得使用系统的存储权限、写权限以及访问其他存储内容的权限，或者是作为进一步进入其他系统的跳板，或者恶意破坏这个系统，使其毁坏而丧失服务能力。对特定的网络应用程序，当它启动时，就打开了一系列的安全缺口，许多与该软件捆绑在一起的应用软件也会被启用。除非用户禁止该程序或对其进行正确配置，否则，安全隐患始终存在。

3. 后门和木马程序

在计算机系统中，后门是指软、硬件制作者为了进行非授权访问而在程序中故意设置的访问口令，但也由于后门的存在，对处于网络中的计算机系统构成潜在的严重威胁。木马是一类特殊的后门程序，是一种基于远程控制的黑客工具，具有隐蔽性和非授权性的特点；如果一台电脑被安装了木马服务器程序，那么黑客就可以使用木马控制器程序进入这台电脑，通过命令服务器程序达到控制电脑目的。

4. 病毒

目前数据安全的最主要的威胁是计算机病毒，它是编制者在计算机程序中插入的破坏计算机功能或数据，影响硬件的正常运行并且能够自我复制的一组计算机指令或程序代码。它具有病毒的一些共性，如：传播性、隐蔽性、破坏性和潜伏性等，同时具有自己的一些特征，如：不利用文件寄生（有的只存在于内存中），对网络造成拒绝服务以及和黑客技术相结合等。

5. 黑客

黑客通常是程序设计人员，他们掌握着有关操作系统和编程语言的高级知识，并利用系统中的安全漏洞非法进入他人计算机系统，其危害性非常大。从某种意义上讲，黑客对信息安全的危害甚至比一般的电脑病毒更为严重。

三、网络安全机制

为了实现网络的安全，通常采用下面一些安全机制。

1. 交换鉴别机制

交换鉴别是以交换信息的方式来确认实体身份的机制。用于交换鉴别的技术有：口令（由发方实体提供，收方实体检测）、密码技术（将交换的数据加密，只有合法用户才能解密，得出有意义的明文）。在许多情况下，交换鉴别机制与其他技术一起使用，如时间标记和同步时钟,双方或三方"握手",数字签名和公证机构。将来可能利用用户的实体特征或所有权——指纹识别和身份卡等进行交换鉴别。

2.访问控制机制

访问控制是按事先确定的规则决定主体对客体的访问是否合法。如一个主体试图非法使用一个未经授权使用的客体时,该机制将拒绝这一企图,并附带向审计跟踪系统报告这一事件。审计跟踪系统将产生报警信号或形成部分追踪审计信息。

3.加密机制

加密是提供数据保密的最常用方法。用加密的方法与其他技术相结合,可以提供数据的保密性和完整性。除了会话层不提供加密保护外,加密可在其他各层上进行。与加密机制伴随而来的是密钥管理机制。

4.业务流量填充机制

这种机制主要是对抗非法者在线路上监听数据并对其进行流量和流向分析。一般方法是在保密置无信息传输时,连续发出随机序列,使得非法者不知哪些是有用信息、哪些是无用信息。

5.数据完整性机制

保证数据完整性的一般方法是:发送实体在一个数据单元上加一个标记,这个标记是数据本身的函数,它本身是经过加密的。接收实体有一个对应的标记,并将所产生的标记与接收的标记相比较,以确定在传输进程中数据是否被修改过。

6.数字签名机制

数字签名是解决网络通信中特有的安全问题的有效方法。特别是针对当通信双方发生争执时可能产生的下面的安全问题:

否认——发送者事后不承认自己发送过接收者提交的文件。

伪造——接收者伪造一份文件,声称它来自发送者。

冒充——在网上的某个人冒充某一个用户身份接收或发送信息。

篡改——接收者对收到的信息进行部分篡改,破坏原意。

7.路由控制机制

在一个大型网络中,自源结点到目的节点可能有多条线路,路由控制机制可使信息发送者选择安全的路由,以保证数据安全。

8.公证机制

在一个大型网络中,使用这个网络的所有用户并不都是诚实可信的,同时也可能由于系统故障等原因使传输中的信息丢失、迟到等,这很可能引起谁承担责任的问题。解决这个问题,就需要有一个各方都信任的实体——公证机构,提供公证服务、仲裁出现的问题。一旦引入公证机制,通信双方进行数据通信时必须经过这个机构来转换,以确保公证机构能得到必要的信息,供以后仲裁。

任务二　加密技术

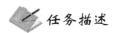
任务描述

针对如今威胁网络安全的因素,根据情况进行加密处理,进而保证网络的基本安全。

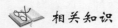 相关知识

一、加密技术

1．加密技术的基本概念

加密技术又称为数据加密技术。加密就是把用户原始的数据(称为明文)采用数学方法进行函数变换,使之成为不可直接识别的数据(称为密文)。把密文转换成为明文叫作解密,如图4-1所示。加密和解密通常都是通过某种算法实现的,称为加/解密算法。加密和解密算法中所使用的关数据叫作密钥。得知密文而不知道密钥,通过计算或猜测得到密钥进而解密的过程称为"破译"。

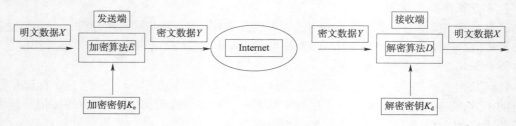

图4-1　加密解密转换示意图

加密的目的是使第三方不能了解对话双方所传输的内容。对于传输内容加密所得的结果有两种,一种叫作密文,另外一种叫作密语,密语也叫作暗语,它是一种经双方事先约定的、和原有意思毫不相干的词或者是短语,使用密语的目的是使得局外人极难了解信息传递者所表达的内容。

加密算法的好坏可以用三个指标来衡量。一个是加密(解密)时间代价,第二个是破译时间代价,第三个是破译代价与密文中的信息代价之比。第一个越小越好,第二个越大越好,第三个要求大于1且越大越好,正是由于某些情况下信息具有不可估量的价值,大的可以影响国家的形势,小的可以决定企业的命运,所以绝不可以掉以轻心。在信息的传输过程中一定要注意加密问题!

加密技术包括两个元素:算法和密钥。算法是一些公式、法则或程序,它规定明文和密文之间的变换方法;密钥可以看成算法中的参数。数据加密的技术分为两类,即对称加密(私人密钥加密)和非对称加密(公开密钥加密)。对称加密的加密密钥和解密密钥相同,而非对称加密的加密密钥和解密密钥不同:加密密钥可以公开,而解密密钥需要保密。

2．加密的分类

信息加密技术主要分为信息传输加密和信息存储加密。信息传输加密技术主要是对传输中的信息流进行加密,常用的有链路加密、节点加密和端到端加密3种方式。

1)链路加密

链路加密是传输信息仅在物理层前的信息链路层进行加密,不考虑信源和信宿,它用于保护通信节点间的信息,接收方是传送路径上的各台节点机,信息在每台节点机内都要被解密和再加密,依次进行,直至到达目的地,如图4-2所示。

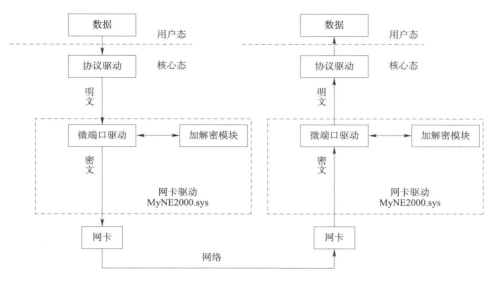

图 4-2　链路加密示意图

2）节点加密

与链路加密类似的节点加密方法，是在节点处采用一个与节点机相连的密码装置，密文在该装置中被解密并被重新加密，明文不通过节点机，避免了链路加密节点处易受攻击的缺点。

3）端到端加密

端到端加密是为数据从一端到另一端提供的加密方式。数据在发送端被加密，在接收端解密，中间节点处不以明文的形式出现。端到端加密是在应用层完成的。在端到端加密中，除报头外的报文均以密文的形式贯穿于全部传输过程，只是在发送端和接收端才有加、解密设备，而在中间任何节点报文均不解密，因此，不需要有密码设备。端到端加密同链路加密相比，可减少密码设备的数量，如图 4-3 所示。

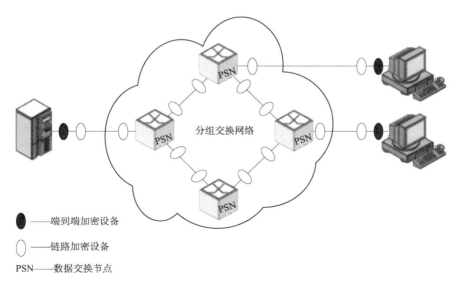

图 4-3　链路加密和端到端加密共同使用示意图

3. 信息加密算法

信息加密算法的种类繁多,按照发展进程来分,经历了古典密码、对称密钥密码和公开密钥密码阶段。古典密码算法有替代加密、置换加密;对称加密算法包括 DES 和 AES;非对称加密算法包括 RSA、背包密码、McEliece 密码、Rabin、椭圆曲线等。目前在数据通信中使用最普遍的算法有 DES 算法、RSA 算法等。

1) DES 加密算法(数据加密标准)

DES 是一种对二元数据信息进行加密的算法,数据分组长度为 64 位,密文分组长度也是 64 位,使用的密钥为 64 位,有效密钥长度为 56 位,有 8 位用于奇偶校验,解密时的过程和加密时相似,但密钥的顺序正好相反。DES 算法的弱点是不能提供足够的安全性,因为其密钥容量只有 56 位。由于这个原因,后来又提出了三重 DES 或 3DES 系统,使用 3 个不同的密钥对数据块进行 2 次(或 3 次)加密,该方法比进行普通加密块,其强度大约和 112 位的密钥强度相当。

2) RSA 算法

RSA 算法是公共密钥算法中的代表,是最为成熟完善的一种公开密钥密码体制。其理论依据为寻找两个大素数比较简单,而将它们的乘积分解开则异常困难。RSA 方法的工作原理如下:

(1)任意选取两个不同的大质数 m 和 n,计算乘积 $r = m \times n$。

(2)任意选取一个大整数 q,q 与 $(m-1) \times (n-1)$ 互质,整数 q 用做加密密钥。这里 q 的选取是很容易的,所有大于 m 和 n 的质数都可用。

(3)确定解密密钥 d:$d \times q = 1 \bmod (m-1) \times (n-1)$ 根据 q、m 和 n 可以容易地计算出 d。

(4)公开整数 r 和 q,但是不公开 d。

(5)将明文 P(假设 P 是一个小于 r 的整数)加密为密文 C,计算方法为:$C = Pq \bmod r$

(6)将密文 C 解密为明文 P,计算方法为:$P = Cd \bmod r$ 然而只根据 r 和 q 要计算出 d 是不可能的。因此,任何人都可对明文进行加密,但只有授权用户(知道 d)才可对密文解密。

非对称加密算法 RSA 的安全性一般主要依赖于大数,但是否等同于大数分解一直未能得到理论上的证明,因为没有证明破解 RSA 就一定需要作大数分解。因此分解模数是最主要的攻击方法,因此人们为了安全性选择大于 1010 的模数,这样无疑降低了计算公要和密钥的算法的事件复杂度。

3) IDEA 算法

国际数据加密算法 IDEA 是瑞士的著名学者提出的。它在 1990 年正式公布并在以后得到推广。这种算法是在 DES 算法的基础上发展出来的,类似于三重 DES。发展 IDEA 也是因为感到 DES 具有密钥太短等缺点,已经过时。IDEA 的密钥为 128 位,这么长的密钥在今后若干年内应该是安全的。类似于 DES,IDEA 算法也是一种数据块加密算法,它设计了一系列加密轮次,每轮加密都使用从完整的加密密钥中生成的一个子密钥。与 DES 的不同处在于,它采用软件实现和采用硬件实现同样快速。

4) 其他数据算法

其他数据算法包括一些常用编码算法及其与明文(ASCII、Unicode 等)转换等,如 Base 64、Quoted Printable、E-BCDIC 等。

4. 信息加密技术的发展

1）密码专用芯片集成

密码技术是信息安全的核心技术,无处不在,目前已经渗透到大部分安全产品之中,正向芯片化方向发展。在芯片设计制造方面,目前微电子水平已经发展到 0.1 μm 工艺以下,芯片设计的水平很高。我国在密码专用芯片领域的研究起步落后于国外,近年来我国集成电路产业技术的创新和自我开发能力得到了提高,微电子工业得到了发展,从而推动了密码专用芯片的发展。加快密码专用芯片的研制将会推动我国信息安全系统的完善。

2）量子加密技术的研究

量子技术在密码学上的应用分为两类:一是利用量子计算机对传统密码体制的分析;二是利用单光子的测不准原理在光纤级实现密钥管理和信息加密,即量子密码学。量子计算机是一种传统意义上的超大规模并行计算系统,利用量子计算机可以在几秒钟内分解 RSA129 的公钥。根据 Internet 的发展,全光网络将是今后网络连接的发展方向,利用量子技术可以实现传统的密码体制,在光纤级完成密钥交换和信息加密,其安全性是建立在 Heisenberg 的测不准原理上的,如果攻击者企图接收并检测信息发送方的信息(偏振),则将造成量子状态的改变,这种改变对攻击者而言是不可恢复的,而对收发方则可很容易地检测出信息是否受到攻击。目前量子加密技术仍然处于研究阶段,其量子密钥分配 QKD 在光纤上的有效距离还达不到远距离光纤通信的要求。

二、加密技术的优缺点

通过对以上几种加密技术的阐述,现在可以得出对于加密,基本上不存在一个完全不可以被破解的加密算法,因为只要有足够的时间,完全可以用穷举法来进行试探,如果说一个加密算法是牢固的,一般就是指在现有的计算条件下,需要花费相当长的时间才能够穷举成功。

(1)主动攻击和被动攻击数据在传输过程中或者在日常的工作中,如果没有密码的保护,很容易造成文件的泄密,造成比较严重的后果。一般来说,攻击分为主动攻击和被动攻击。被动攻击指的是从传输信道上或者从磁盘介质上非法获取了信息,造成了信息的泄密。主动攻击则要严重得多,不但获取了信息,而且还有可能对信息进行删除,篡改,危害后果极其严重。

(2)对称加密基于密钥的算法通常分为对称加密算法和非对称加密算法(公钥算法)。对称加密算法就是加密用的密钥和解密用的密钥是相等的。比如著名的恺撒密码,其加密原理就是所有的字母向后移动三位,那么 3 就是这个算法的密钥,向右循环移位就是加密的算法。那么解密的密钥也是 3,解密算法就是向左循环移动 3 位。很显而易见的是,这种算法理解起来比较简单,容易实现,加密速度快,但是对称加密的安全性完全依赖于密钥,如果密钥丢失,那么整个加密就完全不起作用了。比较著名的对称加密算法就是 DES,其分组长度位 64 位,实际的密钥长度为 56 位,还有 8 位的校验码。DES 算法由于其密钥较短,随着计算机速度的不断提高,使其使用穷举法进行破解成为可能。

(3)非对称加密非对称加密算法的核心就是加密密钥不等于解密密钥,且无法从任意一个密钥推导出另一个密钥,这样就大大加强了信息保护的力度,而且基于密钥对的原理很容易的实现数字签名和电子信封。比较典型的非对称加密算法是 RSA 算法,它的数学原理是大素数的分解,密钥是成对出现的,一个为公钥,一个是私钥。公钥是公开的,可以用私钥去解公钥加密过的信息,也可以用公钥去解私钥加密过的信息。比如 A 向 B 发送信息,由于 B 的公钥是公开的,那么 A 用 B 的公钥对信息进行加密,发送出去,因为只有 B 有对应的私钥,所以信息只能为 B 所读取。牢固的 RSA 算法需要其密钥长度为 1024 位,加解密的速度比较慢是它的弱点。另外一种比较典型的非对称加密算法是 ECC 算法,基于的数学原理是椭圆曲线离散对数系统,这种算法的标准我国尚未确定,但是其只需要 192 位就可以实现牢固地加密。所以,应该是优于 RSA 算法的。优越性:ECC > RSA > DES。

任务三　防火墙技术

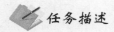 **任务描述**

Windows 防火墙使用的全状态数据包检测技术,会把所有由本机发起的网络连接生成一张表,并用这张表跟所有的入站数据包做对比,如果入站的数据包是为了响应本机的请求,就允许进入。除非特例,所有其他数据包都会被阻挡。配置 Windows XP 自带防火墙,实现安全防护。

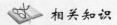 **相关知识**

一、防火墙的定义

防火墙(Firewall),也称防护墙,是由 Check Point 创立者 Gil Shwed 于 1993 年发明并引入互联网(US5606668(A)1993-12-15)。它是一种位于内部网络与外部网络之间的网络安全系统,是一种软件,如图 4-4 所示。一项信息安全的防护系统,依照特定的规则,允许或是限制传输的数据通过。

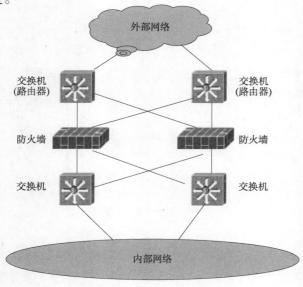

图 4-4　防火墙示意图

二、防火墙的功能

防火墙对流经它的网络通信进行扫描,这样能够过滤掉一些攻击,以免其在目标计算机上被执行。防火墙还可以关闭不使用的端口。而且它还能禁止特定端口的流出通信,封锁特洛伊木马。最后,它可以禁止来自特殊站点的访问,从而防止来自不明入侵者的所有通信。

三、防火墙的种类

从实现原理上分,防火墙技术包括四大类:网络级防火墙、应用级网关、电路级网关和规则检查防火墙。它们之间各有所长,具体使用哪一种或是否混合使用,要看具体需要。

1. 网络级防火墙

网络级防火墙又称包过滤防火墙,一般是基于源地址和目的地址、应用、协议以及每个 IP 包的端口来做出通过与否的判断。一个路由器便是一个"传统"的网络级防火墙,大多数的路由器都能通过检查这些信息来决定是否将所收到的包转发,但它不能判断出一个包来自何方、去向何处。防火墙检查每一条规则直至发现包中的信息与某规则相符。如果没有一条规则能符合,防火墙就会使用默认规则,一般情况下,默认规则就是要求防火墙丢弃该包。其次,通过定义基于 TCP 或 UDP 数据包的端口号,防火墙能够判断是否允许建立特定的连接,如 Telnet、FTP 连接。

2. 应用级网关

应用级网关又称代理防火墙。应用级网关能够检查进出的数据包,通过网关复制传递数据,防止在受信任服务器和客户机与不受信任的主机间直接建立联系。应用级网关能够理解应用层上的协议,能够做复杂一些的访问控制,并做精细的注册和稽核。它针对特别的网络应用服务协议即数据过滤协议,并且能够对数据包分析并形成相关的报告。应用网关对某些易于登录和控制给予严格的控制,以防有价值的程序和数据被窃取。在实际工作中,应用网关一般由专用工作站系统来完成。但每一种协议需要相应的代理软件,使用时工作量大,效率不如网络级防火墙。应用级网关有较好的访问控制,是目前最安全的防火墙技术,但实现困难,而且有的应用级网关缺乏"透明度"。在实际使用中,用户在受信任的网络上通过防火墙访问 Internet 时,经常会发现存在延迟并且必须进行多次登录(Login)才能访问 Internet 或 Intranet。

3. 电路级网关

电路级网关用来监控受信任的客户或服务器与不受信任的主机间的 TCP 握手信息,这样来决定该会话(Session)是否合法。电路级网关是在 OSI 模型中的会话层上来过滤数据包,这样比包过滤防火墙要高两层。电路级网关还提供一个重要的安全功能:代理服务器(Proxy Server)。代理服务器是设置在 Internet 防火墙网关的专用应用级代码。这种代理服务准许网管员允许或拒绝特定的应用程序或一个应用的特定功能。包过滤技术和应用网关是通过特定的逻辑判断来决定是否允许特定的数据包通过,一旦判断条件满足,防火墙内部网络的结构和运行状态便"暴露"在外来用户面前,这就引入了代理服务的概念,即防火墙内外计算机系统应用层的"链接"由两个终止于代理服务的"链接"来实现,这就成功地实现了防火墙内外计算机系统的隔离。同时,代理服务还可用于实施较强的数据流监控、过滤、记录和报告等功能。代理服务技术主要通过专用计算机硬件(如工作站)来承担。

4. 规则检查防火墙

该防火墙结合了包过滤防火墙、电路级网关和应用级网关的特点。同包过滤防火墙一样，规则检查防火墙能够在 OSI 网络层上通过地址和端口号，过滤进出的数据包。它也像电路级网关一样，能够检查 SYN 和 ACK 标记以及序列数字是否逻辑有序。当然它也像应用级网关一样，可以在 OSI 应用层上检查数据包的内容，查看这些内容是否能符合企业网络的安全规则。规则检查防火墙虽然集成前三者的特点，但是不同于一个应用级网关的是，它并不打破客户机/服务器模式来分析应用层的数据，它允许受信任的客户机和不受信任的主机建立直接连接。规则检查防火墙不依靠与应用层有关的代理，而是依靠某种算法来识别进出的应用层数据，这些算法通过已知合法数据包的模式来比较进出数据包，这样从理论上就能比应用级代理在过滤数据包上更有效。

四、防火墙主要技术

先进的防火墙产品将网关与安全系统合二为一，具有以下技术与功能。

1. 双端口或三端口的结构

新一代防火墙产品具有两个或三个独立的网卡，内外两个网卡可不作 IP 转化而串接于内部网与外部网之间，另一个网卡可专用于对服务器的安全保护。

2. 透明的访问方式

以前的防火墙在访问方式上要么要求用户作系统登录，要么需要通过 SOCKS 等库路径修改客户机的应用。新一代防火墙利用了透明的代理系统技术，从而降低了系统登录固有的安全风险和出错概率。

3. 灵活的代理系统

代理系统是一种将信息从防火墙的一侧传送到另一侧的软件模块。新一代防火墙采用了两种代理机制，一种用于代理从内部网络到外部网络的连接，另一种用于代理从外部网络到内部网络的连接。前者采用网络地址转换（NAT）技术来解决，后者采用非保密的用户定制代理或保密的代理系统技术来解决。

4. 多级的过滤技术

为保证系统的安全性和防护水平，新一代防火墙采用了三级过滤措施，并辅以鉴别手段。在分组过滤一级，能过滤掉所有的源路由分组和假冒的 IP 源地址；在应用级网关一级，能利用 FTP、SMTP 等各种网关，控制和监测 Internet 提供的所用通用服务；在电路网关一级，实现内部主机与外部站点的透明连接，并对服务的通行实行严格控制。

五、配置 Windows XP 自带防火墙的配置步骤

（1）依次单击"开始"→"控制面板"→"Windows 防火墙"进入防火墙配置界面。

（2）在"常规"选项卡中，设置防火墙的启停。

（3）在"例外"选项卡中，设置允许特定类型的传入通信，包括"添加程序"、"添加端口"、"编辑"、"删除"等操作。

（4）在"高级"选项卡用户可进行防火墙的进一步设置。

六、防火墙的优缺点

1. 防火墙的优点

1）防火墙能强化安全策略

由于每天都有上百万人在 Internet 上收集信息、交换信息，不可避免地会出现个别品德不良的人，或违反规则的人，防火墙是为了防止不良现象发生的"交通警察"，它执行站点的安全策略，仅仅容许"认可的"和符合规则的请求通过。

2）防火墙能有效地记录 Internet 上的活动

因为所有进出信息都必须通过防火墙，所以防火墙非常适用收集关于系统和网络使用和误用的信息。作为访问的唯一点，防火墙能在被保护的网络和外部网络之间进行记录。

3）防火墙限制暴露用户点

防火墙能够用来隔开网络中一个网段与另一个网段。这样，能够防止影响一个网段的问题通过整个网络传播。

4）防火墙是一个安全策略的检查站

所有进出的信息都必须通过防火墙，防火墙便成为安全问题的检查点，使可疑的访问被拒绝于门外。

2. 防火墙的缺点与不足

1）防火墙可以阻断攻击，但不能消灭攻击源

"各扫自家门前雪，不管他人瓦上霜"，就是目前网络安全的现状。互联网上病毒、木马、恶意试探等造成的攻击行为络绎不绝。设置得当的防火墙能够阻挡他们，但是无法清除攻击源。即使防火墙进行了良好的设置，使得攻击无法穿透防火墙，但各种攻击仍然会源源不断地向防火墙发出尝试。例如接主干网 10Mb/s 网络带宽的某站点，其日常流量中平均有 512kb/s 左右是攻击行为。那么，即使成功设置了防火墙后，这 512kb/s 的攻击流量依然不会有丝毫减少。

2）防火墙不能抵抗最新的未设置策略的攻击漏洞

就如杀毒软件与病毒一样，总是先出现病毒，杀毒软件经过分析出特征码后加入到病毒库内才能查杀。防火墙的各种策略，也是在该攻击方式经过专家分析后给出其特征进而设置的。对于新发现主机漏洞防火墙也无济于事。

3）防火墙的并发连接数限制容易导致拥塞或者溢出

由于要判断、处理流经防火墙的每一个包，因此防火墙在某些流量大、并发请求多的情况下，很容易导致拥塞，成为整个网络的瓶颈影响性能。而当防火墙溢出时，整个防线就形同虚设，原本被禁止的连接也能从容通过了。

3. 防火墙的选择

用户购买或配置防火墙，首先要队自身的安全需求做出分析。结合其他相关条件（如成本预算），对防火墙产品进行功能评估，以审核其是否满足。例如一般的中小型企业，其接入 Internet 的目的一般是为了内部用户浏览 Web 等，同时发布主页，这样的用户购买防火墙主要目的应在于保护内部（敏感）数据的安全，更为注重安全性，而对服务的多样性，以及速度没有特殊要求，因而选用代理型防火墙较为合适。

而对许多大型电子商务企业,网站需要商务信息流通,防火墙对相应速度有较高要求,且还要保护置于防火墙内的数据库,应用服务器等,建议使用屏蔽路由器防火墙。

任务四　认识网络黑客及病毒

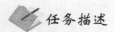

任务描述

通过对黑客及计算机病毒知识的了解与学习,深入了解计算机病毒的特点,学会有意识防止黑客攻击,另外,由于病毒对计算机资源造成严重的破坏,所以必须从管理和技术两方面采取有效措施,以防止病毒的入侵。

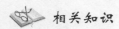

相关知识

一、安全漏洞及扫描

1. 安全漏洞的定义

漏洞是在硬件、软件、协议的具体实现或系统安全策略上存在的缺陷,从而可以使攻击者能够在未授权的情况下访问或破坏系统。具体举例来说,比如在 Intel Pentium 芯片中存在的逻辑错误,在 Sendmail 早期版本中的编程错误,在 NFS 协议中认证方式上的弱点,在 UNIX 系统管理员设置匿名 FTP 服务时配置不当的问题,都可能被攻击者使用,威胁到系统的安全。因而这些都可以认为是系统中存在的安全漏洞。

漏洞会影响到很大范围的软、硬件设备,包括操作系统本身及其支撑软件,网络客户和服务器软件,网络路由器和安全防火墙等。换言之,在这些不同的软、硬件设备中都可能存在不同的安全漏洞问题。在不同种类的软、硬件设备,同种设备的不同版本之间,由不同设备构成的不同系统之间,以及同种系统在不同的设置条件下,都会存在各自不同的安全漏洞问题。

漏洞问题是与时间紧密相关的。一个系统自发布起,随着用户的深入使用,系统中存在的漏洞会被不断暴露出来,这些早先被发现的漏洞也会不断被系统供应商发布的补丁软件修补,或在以后发布的新版系统中得以纠正。而在新版系统纠正了旧版本中已有漏洞的同时,也会引入一些新的漏洞和错误。因而随着时间的推移,旧的漏洞会不断消失,新的漏洞会不断出现。漏洞问题会长期存在。因而脱离具体的时间和具体的系统环境来讨论漏洞问题是毫无意义的。只能根据操作系统版本、其上运行的软件版本以及服务运行设置等实际环境来具体谈论其中可能存在的漏洞及其可行的解决办法。

2. 安全漏洞扫描

安全扫描技术主要分为两类:主机安全扫描技术和网络安全扫描技术。网络安全扫描技术主要针对系统中不合适的设置脆弱的口令,以及针对其他同安全规则抵触的对象进行检查等;而主机安全扫描技术则是通过执行一些脚本文件模拟对系统进行攻击的行为并记录系统的反应,从而发现其中的漏洞。

安全扫描技术与防火墙、入侵检测系统互相配合,能够有效提高网络的安全性。通过对网络的扫描,网络管理员可以了解网络的安全配置和运行的应用服务,及时发现安全漏洞,客观评估网络风险等级。网络管理员可以根据扫描的结果更正网络安全漏洞和系统中的错误配置,在黑客攻击前进行防范。如果说防火墙和网络监控系统是被动的防御手段,那么安全扫描就是一种主动的防范措施,可以有效避免黑客攻击行为,做到防患于未然。

二、网络黑客与网络病毒

一般来说,计算机网络系统的安全威胁主要来自病毒和黑客攻击。计算机病毒给人们带来无穷的烦恼。早期的病毒通过软盘相互传染,随着网络时代的到来,病毒通过电子邮件等方式大面积传播,严重威胁着网络和计算机的安全。尤其是新型的集黑客技术、特洛伊木马技术和蠕虫技术三者一体的计算机病毒更是防不胜防。而现代黑客从以系统为主的攻击转变为以网络为主的攻击,这些攻击可能造成网络的瘫痪和带来巨大的经济损失。

1. 网络黑客的定义

"黑客"一词是由英语 Hacker 音译而来的,是指专门研究、发现计算机和网络漏洞的计算机爱好者。他们伴随着计算机和网络的发展而产生和成长。黑客对计算机有着狂热的兴趣和执着的追求,他们不断地研究计算机和网络知识,发现计算机和网络中存在的漏洞,喜欢挑战高难度的网络系统并从中找到漏洞,然后向管理员提出解决和修补漏洞的方法。

黑客不干涉政治,不受政治利用,他们的出现推动了计算机和网络的发展与完善。黑客所做的不是恶意破坏,他们是一群纵横于网络上的大侠,追求共享、免费,提倡自由、平等。黑客的存在是由于计算机技术的不健全,从某种意义上来讲,计算机的安全需要更多黑客去维护。借用 myhk 的一句话"黑客存在的意义就是使网络变得日益安全完善"。

但是到了今天,黑客一词已经被用于那些专门利用计算机进行破坏或入侵他人的代名词,对这些人正确的叫法应该是 cracker,有人也翻译成"骇客"。也正是由于这些人的出现玷污了"黑客"一词,使人们把黑客和骇客混为一体,黑客被人们认为是在网络上进行破坏的人。

一个黑客即使从意识和技术水平上已经达到黑客水平,也决不会声称自己是一名黑客,因为黑客只有被他人称呼的,没有自封的,他们重视技术,更重视思想和品质。

在黑客圈中,hacker 一词无疑是带有正面的意义,例如 system hacker 熟悉操作系统的设计与维护;password hacker 精于找出使用者的密码:若是 computer hacker 则是通晓计算机,可让计算机乖乖听话的高手。

黑客基本上是一项业余嗜好,通常是出于自己的兴趣,而非为了赚钱或工作需要。根据开放源代码计划创始人 Eric Raymond 对此字的解释,hacker 与 cracker 是分属两个不同世界的族群,基本差异在于:hacker 是有建设性的,而 cracker 则专门搞破坏。

其实黑客的本意是整天到别人的空间或博客里逛的人,骇客才是现今"黑客"的意思。但由于"骇客"的"骇"(hài)和"黑客"的"黑"(hēi)音相似,所以被人们误认为在网络上进行破坏的人叫作"黑客"。

2. 常见的黑客攻击方法

黑客的攻击手段多种多样,对常见攻击方法的了解,将有助于用户达到有效防黑的目的。这些方法包括:

1)Web 欺骗技术

欺骗是一种主动攻击技术,它能破坏两台计算机间通信链路上的正常数据流,并可能向通信链路上插入数据。一般 Web 欺骗使用两种技术,即 URL 地址重写技术和相关信息掩盖技术。首先黑客建立一个使人相信的 Web 站点的拷贝,它具有所有的页面和连接,然后利用 URL 地址重写技术,将自己的 Web 地址加在所有真实 URL 地址的前面。这样,当用户与站点进行数据通信时,就会毫无防备地进入黑客的服务器,用户的所有信息便处于黑客的监视之中了。但由于浏览器一般均有地址栏和状态栏,用户可以在地址栏和状态栏中获得连接中的 Web 站点地址及其相关的传输信息,并由此可以发现问题。所以黑客往往在 URL 地址重写的同时,还会利用相关信息掩盖技术,以达到掩盖欺骗的目的。

2) 放置特洛伊木马程序

特洛伊木马(Trojan Horse)简称木马,在计算机中的木马名称来源于希腊神话《木马屠城记》。古希腊有大军围攻特洛伊城,久久无法攻下。于是有人献计制造了一匹高二丈的大木马,让士兵藏匿于巨大的木马中,大部队假装撤退而将木马摒弃于特洛伊城下。城中得知解围的消息后,遂将木马作为奇异的战利品拖入城内,全城饮酒狂欢。到午夜时分,全城军民尽入梦乡,藏匿于木马中的将士开秘门游绳而下,开启城门及四处纵火,城外伏兵涌入,部队里应外合,将特洛伊城攻下。后来人们将"特洛伊木马"一词引用到计算机网络安全中,称之为木马。特洛伊木马的攻击手段,就是将一些"后门"、"特殊通道"隐藏在某个软件里,将使用该软件的计算机系统作为被攻击和控制的对象。特洛伊木马程序可以直接侵入用户的电脑并进行破坏,它常被伪装成工具程序或者游戏等,诱使用户打开带有特洛伊木马程序的邮件附件或从网上直接下载。一旦用户打开了这些邮件的附件或者执行了这些程序之后,它们就会留在用户的计算机中,并在系统中隐藏一个可以在 Windows 启动时悄悄执行的程序。当用户连接到互联网上时,这个程序就会通知黑客,报告用户的地址以及预先设定的端口。黑客在看到这些信息后,再利用这个潜伏在其中的程序,就可以任意地修改用户的计算机的参数设定、复制文件、窥视用户整个硬盘中的内容等,从而达到控制用户的计算机的目的。

3) 口令攻击

口令攻击是指先得到目标主机上某个合法用户的账号后,再对合法用户口令进行破译,然后使用合法用户的账号和破译的口令登录到目标主机,对目标主机实施攻击活动。

口令攻击获得用户账号的方法很多,主要是对口令的破译,常用的方法有以下几种:

(1) 暴力破解

暴力破解基本上是一种被动攻击的方式。黑客在知道用户的账号后,利用一些专门的软件强行破解用户口令,这种方法不受网段限制,但需要有足够的耐心和时间,这些工具软件可以自动地从黑客字典中取出一个单词,作为用户的口令输入给远端的主机,申请进入系统。若口令错误,就按序取出下一个单词,进行下一次尝试,直到找到正确的口令或黑客字典的单词试完为止。由于这种破译过程是由计算机程序自动完成,因而几个小时内就可以把几十万条记录的字典里所有单词都尝试一遍。

(2) 密码探测

大多数情况下,操作系统保存和传送的密码都要经过一个加密处理的过程,完全看不出原始密码的模样,而且理论上要逆向还原密码的概率几乎为零。但黑客可以利用密码探测的工具,反复模拟编码过程,并将编出的密码与加密后的密码相比较,如果两者相同,就表示得到了正确的密码。

（3）网络监听

黑客可以通过网络监听得到用户口令,这类方法有一定的局限性,但危害性极大。由于很多网络协议根本就没有采用任何加密或身份认证技术,如在 Telnet、FTP、HTTP、SMTP 等传输协议中,用户账号和密码信息都是以明文格式传输的,此时若黑客利用数据包截取工具便可很容易收集到用户的账号和密码。另外,黑客有时还会利用软件和硬件工具时刻监视系统主机的工作,等待记录用户登录信息,从而取得用户密码。

（4）登录界面攻击法

黑客可以在被攻击的主机上,利用程序伪造一个登录界面,以骗取用户的账号和密码。当用户在这个伪造的界面上输入登录信息后,程序可将用户的输入信息记录传送到黑客的主机,然后关闭界面,给出提示信息"系统故障"或"输入错误",要求用户重新输入。此时,假的登录程序自动结束,才会出现真正的登录界面。

4）电子邮件攻击

电子邮件是互联网上运用得十分广泛的一种通信方式,但同时它也面临着巨大的安全风险。攻击者可以使用一些邮件炸弹软件向目标邮箱发送大量内容重复、无用的垃圾邮件,从而使目标邮箱被"撑爆"而无法使用;当垃圾邮件的发送流量特别大时,还可以造成邮件系统的瘫痪。另外,对于电子邮件的攻击还包括窃取、篡改邮件数据,伪造邮件,利用邮件传播计算机病毒等。

5）网络监听

网络监听是主机的一种工作模式,在这种模式下,主机可以接收到本网段在同一物理通道上传输的所有信息,而不管这些信息的发送方和接收方是谁。网络监听可以在网上的任何一个位置进行,如局域网中的一台主机、网关上、路由设备或交换设备上,或远程网的调制解调器之间等。因为系统在进行密码校验时,用户输入的密码需要从用户端传送到服务器端,这时,黑客就能在两端之间进行数据监听。此时若两台主机进行通信的信息没有加密,只要使用某些网络监听工具,就可轻而易举地截取包括口令和账号在内的信息资料。虽然网络监听获得的用户账号和口令具有一定的局限性,但黑客往往能够获得其所在网段的所有用户账号及口令。

6）端口扫描攻击

所谓端口扫描,就是利用 socket 编程与目标主机的某些端口建立 TCP 连接、进行传输协议的验证等,从而得知目标主机的扫描端口是否处于激活状态、主机提供了哪些服务、提供的服务中是否含有某些缺陷等。在 TCP/IP 协议中规定,计算机可以有 256×256 个端口,通过这些端口进行数据的传输。黑客一般会发送特洛伊木马程序,当用户不小心运行后,计算机内的某一端口就会打开,黑客就可通过这一端口进入用户的计算机系统。

7）缓冲区溢出

许多系统都有这样那样的安全漏洞,其中一些是操作系统或应用软件本身具有的,如缓冲区溢出攻击。缓冲区溢出是一个非常普遍、非常危险的漏洞,在各种操作系统、应用软件中广泛存在。产生缓冲区溢出的根本原因在于,将一个超过缓冲区长度的字串拷贝到缓冲区。溢出带来了两种后果:一是过长的字符串覆盖了相邻的存储单元,引起程序运行失败,严重的可引起死机、系统重新启动等后果;二是利用这种漏洞可以执行任意指令,甚至可以取得系统特权。针对这些漏洞,黑客可以在长字符串中嵌入一段代码,并将过程的返回地址覆盖为这段代码的地址,当过程返回时,程序就转而开始执行这段黑客自编的代码了。一般来说,这段代码都是执行一个 S1 程序。这样,当黑客入侵一个带有缓冲区溢出缺陷且具有 s 属性的程序时,会获得一个具有 Root 权限的 Shell,在这个 Shell 中黑客可以干任何事。恶意地利用缓冲区溢出漏洞进行的攻击,可以导致运行失败、系统死机、重启等后果,更为严重的是,可以利用它执行非授权指令,甚至可以取得系统特权,进而进行各种非法操作,取得机器的控制权。

3. 防范黑客的措施

各种黑客的攻击程序虽然功能强大,但并不可怕,只要做好相应的防范工作,就可以大大降低被黑客攻击的可能性。具体来说,要做到以下几点:

1)要提高安全意识

不随意打开来历不明的电子邮件及文件,不随便运行不太了解的人送给的程序,防止运行黑客的服务器程序。尽量避免从 Internet 下载不知名的软件、游戏程序。即使从知名的网站下载的软件也要及时用最新的病毒和木马查杀工具对软件和系统进行扫描。密码设置尽可能使用字母数字混排,单纯的英文或者数字很容易被暴力破解。常用的若干密码不应设置相同,防止被人查出一个,连带到重要密码,密码最好经常更换。要及时下载并安装系统补丁程序,不随便运行黑客程序。

2)要使用防火墙

防火墙是抵御黑客入侵的非常有效的手段。它通过在网络边界上建立起来的相应网络通信监控系统来隔离内部和外部网络,可阻挡外部网络的入侵和攻击。

3)使用反黑客软件

尽可能经常性地使用多种最新的、能够查杀黑客的杀毒软件或可靠的反黑客软件来检查系统。必要时应在系统中安装具有实时检测、拦截、查杀黑客攻击程序的工具。

4)尽量不暴露自己的 IP

保护自己的 IP 地址是很重要的。事实上,即使一台机器上被安装了木马程序,若没有其 IP 地址,攻击者也是没有办法的,而保护地址的最好方法就是设置代理服务器。代理服务器能起到外部网络申请访问内部网络的中间转接作用,其功能类似于一个数据转发器,它主要控制哪些用户能访问哪些服务类型。

5)要安装杀毒软件

要将杀毒、防黑当成日常例行工作,定时更新杀毒组件,及时升级病毒库,将杀毒软件保持在常驻状态,以彻底杀毒。

6)做好数据的备份

确保重要数据不被破坏的最好办法就是定期或不定期地备份数据,特别重要的数据应该每天备份。总之,应当认真制定有针对性的策略,明确安全对象,设置强有力的安全保障体系。在系统中层层设防,使每一层都成为一道关卡,从而让攻击者无隙可钻、无计可施。

三、计算机病毒

1. 计算机病毒的定义及特点

计算机病毒(Computer virus)在《中华人民共和国计算机信息系统安全保护条例》中被明确定义,病毒指"编制或者在计算机程序中插入的破坏计算机功能或者破坏数据影响计算机使用并且能够自我复制的一组计算机指令或者程序代码"。而在一般教科书及通用资料中被定义为:利用计算机软件与硬件的缺陷,由被感染机内部发出的破坏计算机数据并影响计算机正常工作的一指令集或程序代码。计算机病毒最早出现在 20 世纪 70 年代 David 科幻小说 When HARLI. E. was One 中。最早的科学定义出现在 1983:在 Fred Cohen 的博士论文"计算机病毒实验"中定义的"一种能把自己(或经演变)注入其他程序的计算机程序"。

计算机病毒具有以下几个特点:

1)寄生性

计算机病毒寄生在其他程序之中,当执行这个程序时,病毒就起破坏作用,而在未启动这个程序之前,它是不易被人发觉的。

2)传染性

传染性是计算机病毒的一个重要特点。计算机病毒可以在计算机与计算机之间、程序与程序之间、络与网络之间相互进行传染。计算机病毒是一段人为编制的计算机程序代码,这段程序代码一旦进入计算机并得以执行,它会搜寻其他符合其传染条件的程序或存储介质,确定目标后再将自身代码插入其中,达到自我繁殖的目的。只要一台计算机染毒,如不及时处理,病毒就会在这台机器上迅速扩散,其中的大量文件(一般是可执行文件)会被感染。而被感染的文件或计算机又成了新的传染源,再与其他机器进行数据交换或通过网络接触,病毒会继续进行传染。

正常的计算机程序一般是不会将自身的代码强行连接到其他程序上的,而病毒却能使自身的代码强行传染到一切符合其传染条件的未受到传染的程序之上。计算机病毒可通过各种可能的渠道,如软盘、光盘、计算机网络去传染其他计算机。当在一台机器上发现了病毒时,往往曾在这台计算机上用过的软盘也已感染上了病毒,而与这台机器联网的其他计算机也可能被该病毒侵染了是否具有传染性是判别一个程序是否为计算机病毒的最重要条件。

3)潜伏性

有些病毒像定时炸弹一样,让它什么时间发作是预先设计好的。比如黑色星期五病毒,不到预定时间一点都觉察不出来,等到条件具备时会突然爆发,对系统进行破坏。编制精巧的计算机病毒程序,进入系统之后一般不会马上发作,可以在几周或者几个月内甚至几年内隐藏在合法文件中,对其他系统进行传染,而不被人发现,潜伏性越好,其在系统中的存在时间就会越长,病毒的传染范围就会越大。潜伏性的第一种表现是指,病毒程序不用专用检测程序是检查不出来的,因此病毒可以静静地躲在磁盘或磁带里待上几天,甚至几年,一旦时机成熟,得到运行机会,就又要四处繁殖、扩散,继续为害。潜伏性的第二种表现是指,计算机病毒的内部往往有一种触发机制,不满足触发条件时,计算机病毒除了传染外不做什么破坏。触发条件一旦得到满足,有的在屏幕上显示信息、图形或特殊标识,有的则执行破坏系统的操作,如格式化磁盘、删除磁盘文件、对数据文件做加密、封锁键盘以及使系统死锁等。

4)隐蔽性

计算机病毒具有很强的隐蔽性,有的可以通过毒软件检查出来,有的根本查不出,有的时隐时现、变化无常,这类病毒处理起来通常很困难。

5)破坏性

计算机中毒后,可能会导致正常的程序无法运行,使计算机内的文件受到不同程度的损坏,通常表现为增、删、改、移。

6）可触发性

病毒因某个事件或数值的出现,诱使病毒实施感染或进行攻击的特性称为触发性。为了隐蔽自己,病毒必须潜伏,少做动作。如果完全不动,一直潜伏的话,病毒不能感染也不能进行破坏,便失去了杀伤力。病毒既要隐蔽又要维持杀伤力就必须具有可触发性。病毒的触发机制就是用来控制感染和破坏动作的频率的。病毒具有预定的触发条件,这些条件可能是时间、日期、文件类型或某些特定数据等。病毒运行时,触发机制检查预定条件是否满足,如果满足,就会启动感染或破坏动作,使病毒进行感染或攻击;如果不满足,就使病毒继续潜伏。

2. 计算机病毒的分类

根据多年对计算机病毒的研究,按照科学的、系统的、严密的方法,计算机病毒可按照计算机病毒属性的方法进行分类。计算机病毒可以根据下面的属性进行分类:

1）按照计算机病毒攻击的系统分类

（1）攻击 DOS 系统的病毒。这类病毒出现最早、最多,变种也最多,目前我国出现的计算机病毒基本上都是这类病毒,此类病毒占病毒总数的 99%。

（2）攻击 Windows 系统的病毒。由于 Windows 的图形用户界面（GUI）和多任务操作系统深受用户的欢迎,Windows 已取代 DOS,从而成为病毒攻击的主要对象。首例破坏计算机硬件的 CIH 病毒就是一个 Windows95/98 病毒。

（3）攻击 UNIX 系统的病毒。当前,UNIX 系统应用非常广泛,并且许多大型的操作系统均采用 UNIX 作为其主要的操作系统,所以 UNIX 病毒的出现,对人类的信息处理也是一个严重的威胁。

（4）攻击 OS/2 系统的病毒。世界上已经发现第一个攻击 OS/2 系统的病毒,它虽然简单,但也是一个不祥之兆。

2）按照病毒的攻击机型分类

（1）攻击微型计算机的病毒。这是世界上传染最为广泛的一种病毒。

（2）攻击小型机的计算机病毒。小型机的应用范围是极为广泛的,它既可以作为网络的一个节点机,也可以作为小的计算机网络的主机。起初,人们认为计算机病毒只有在微型计算机上才能发生而小型机则不会受到病毒的侵扰,但自 1988 年 11 月份 Internet 网络受到蠕虫程序的攻击后,使得人们认识到小型机也同样不能免遭计算机病毒的攻击。

（3）攻击工作站的计算机病毒。近几年,计算机工作站有了较大的进展,并且应用范围也有了较大的发展,所以我们不难想象,攻击计算机工作站的病毒的出现也是对信息系统的一大威胁。

3）按照计算机病毒的链接方式分类

由于计算机病毒本身必须有一个攻击对象以实现对计算机系统的攻击,计算机病毒所攻击的对象是计算机系统可执行的部分。

（1）源码型病毒

该病毒攻击高级语言编写的程序,该病毒在高级语言所编写的程序编译前插入到原程序中,经编译成为合法程序的一部分。

（2）嵌入型病毒

这种病毒是将自身嵌入到现有程序中,把计算机病毒的主体程序与其攻击的对象以插入的方式链接。这种计算机病毒是难以编写的,一旦侵入程序体后也较难消除。如果同时采用多态性病毒技术、超级病毒技术和隐蔽性病毒技术,将给当前的反病毒技术带来严峻的挑战。

（3）外壳型病毒

外壳型病毒将其自身包围在主程序的四周,对原来的程序不做修改。这种病毒最为常见,易于编写,也易于发现,一般测试文件的大小即可知。

（4）操作系统型病毒

这种病毒用它自己的程序意图加入或取代部分操作系统进行工作,具有很强的破坏力,可以导致整个系统的瘫痪。圆点病毒和大麻病毒就是典型的操作系统型病毒。这种病毒在运行时,用自己的逻辑部分取代操作系统的合法程序模块,根据病毒自身的特点和被替代的操作系统中合法程序模块在操作系统中运行的地位与作用以及病毒取代操作系统的取代方式等,对操作系统进行破坏。

4）按照计算机病毒的破坏情况分类

（1）良性计算机病毒

良性病毒是指其不包含有立即对计算机系统产生直接破坏作用的代码。这类病毒为了表现其存在,只是不停地进行扩散,从一台计算机传染到另一台,并不破坏计算机内的数据。有些人对这类计算机病毒的传染不以为然,认为这只是恶作剧,没什么关系。其实良性、恶性都是相对而言的。良性病毒取得系统控制权后,会导致整个系统运行效率降低,系统可用内存总数减少,使某些应用程序不能运行。它还与操作系统和应用程序争抢 CPU 的控制权,时时导致整个系统死锁,给正常操作带来麻烦。有时系统内还会出现几种病毒交叉感染的现象,一个文件不停地反复被几种病毒所感染。例如原来只有 10KB 的文件变成约 90KB,就是被几种病毒反复感染了数十次。这不仅消耗掉大量宝贵的磁盘存储空间,而且整个计算机系统也由于多种病毒寄生于其中而无法正常工作。因此也不能轻视所谓良性病毒对计算机系统造成的损害。

（2）恶性计算机病毒

恶性病毒就是指在其代码中包含有损伤和破坏计算机系统的操作,在其传染或发作时会对系统产生直接的破坏作用。这类病毒是很多的,如米开朗琪罗病毒。当米氏病毒发作时,硬盘的前 17 个扇区将被彻底破坏,使整个硬盘上的数据无法被恢复,造成的损失是无法挽回的。有的病毒还会对硬盘做格式化等破坏。这些操作代码都是刻意编写进病毒的,这是其本性之一。因此这类恶性病毒是很危险的,应当注意防范。所幸防病毒系统可以通过监控系统内的这类异常动作识别出计算机病毒的存在与否,或至少发出警报提醒用户注意。

5）按照计算机病毒的寄生部位或传染对象分类

传染性是计算机病毒的本质属性,根据寄生部位或传染对象分类,也即根据计算机病毒传染方式进行分类,有以下几种:

（1）磁盘引导区传染的计算机病毒

磁盘引导区传染的病毒主要是用病毒的全部或部分逻辑取代正常的引导记录,而将正常的引导记录隐藏在磁盘的其他地方。由于引导区是磁盘能正常使用的先决条件,因此,这种病毒在运行的一开始(如系统启动)就能获得控制权,其传染性较大。由于在磁盘的引导区内存储着需要使用的重要信息,如果对磁盘上被移走的正常引导记录不进行保护,则在运行过程中就会导致引导记录的破坏。引导区传染的计算机病毒较多,例如,"大麻"和"小球"病毒就是这类病毒。

(2)操作系统传染的计算机病毒

操作系统是一个计算机系统得以运行的支持环境,它包括.com、.exe 等许多可执行程序及程序模块。操作系统传染的计算机病毒就是利用操作系统中所提供的一些程序及程序模块寄生并传染的。通常,这类病毒作为操作系统的一部分,只要计算机开始工作,病毒就处在随时被触发的状态。而操作系统的开放性和不绝对完善性给这类病毒出现的可能性与传染性提供了方便。操作系统传染的病毒目前已广泛存在,"黑色星期五"即为此类病毒。

(3)可执行程序传染的计算机病毒

可执行程序传染的病毒通常寄生在可执行程序中,一旦程序被执行,病毒也就被激活,病毒程序首先被执行,并将自身驻留内存,然后设置触发条件,进行传染。对于以上三种病毒的分类,实际上可以归纳为两大类:一类是引导扇区型传染的计算机病毒;另一类是可执行文件型传染的计算机病毒。

6)按照计算机病毒激活的时间分类

按照计算机病毒激活的时间可分为定时的和随机的。定时病毒仅在某一特定时间才发作,而随机病毒一般不是由时钟来激活的。

7)按照传播媒介分类

按照计算机病毒的传播媒介来分类,可分为单机病毒和网络病毒。

(1)单机病毒

单机病毒的载体是磁盘,常见的是病毒从软盘传入硬盘,感染系统,然后再传染其他软盘,软盘又传染其他系统。

(2)网络病毒

网络病毒的传播媒介不再是移动式载体,而是网络通道,这种病毒的传染能力更强,破坏力更大。

8)按照寄生方式和传染途径分类

(1)人们习惯将计算机病毒按寄生方式和传染途径来分类。计算机病毒按其寄生方式大致可分为两类,一是引导型病毒,二是文件型病毒;

(2)它们再按其传染途径又可分为驻留内存型和不驻留内存型,驻留内存型按其驻留内存方式又可细分。

混合型病毒集引导型和文件型病毒特性于一体。

引导型病毒会去改写(即一般所说的"感染")磁盘上的引导扇区(bootsector)的内容,软盘或硬盘都有可能感染病毒。再不然就是改写硬盘上的分区表(FAT)。如果用已感染病毒的软盘来启动的话,则会感染硬盘。引导型病毒是一种在 ROMBIOS 之后,系统引导时出现的病毒,它先于操作系统,依托的环境是 BIOS 中断服务程序。引导型病毒是利用操作系统的引导模块放在某个固定的位置,并且控制权的转交方式是以物理地址为依据,而不是以操作系统引导区的内容为依据,因而病毒占据该物理位置即可获得控制权,而将真正的引导区内容搬家转移或替换,待病毒程序被执行后,将控制权交给真正的引导区内容,使得这个带病毒的系统看似正常运转,而病毒已隐藏在系统中伺机传染、发作。有的病毒会潜伏一段时间,等到它所设置的日期时才发作。有的则会在发作时在屏幕上显示一些带有"宣示"或"警告"意味的信息。这些信息不外乎是叫您不要非法拷贝软件,不然就是显示特定的图形,再不然就是放一段音乐听……。病毒发作后,不是摧毁分区表,导致无法启动,就是直接格式化硬盘。也有一部分引导型病毒的危害并没有那么大,不会破坏硬盘数据,只是搞些"声光效果"让人虚惊一场。引导型病毒几乎清一色都会常驻在内存中,差别只在于内存中的位置。(所谓"常驻",是指应用程序把要执行的部分在内存中驻留一份。这样就可不必在每次要执行它时都到硬盘中搜寻,以提高效率)。

引导型病毒按其寄生对象的不同又可分为两类,即 mbr(主引导区)病毒,BR(引导区)病毒。mbr 病毒也称为分区病毒,将病毒寄生在硬盘分区主引导程序所占据的硬盘 0 头 0 柱面第 1 个扇区中。典型的病毒有大麻(Stoned)、2708 等。BR 病毒是将病毒寄生在硬盘逻辑 0 扇区或软盘逻辑 0 扇区(即 0 面 0 道第 1 个扇区)。典型的病毒有 Brain、小球病毒等。

顾名思义,文件型病毒主要以感染文件扩展名为. com、. exe 和. OL 等可执行程序为主。它的安装必须借助于病毒的载体程序,即要运行病毒的载体程序,方能把文件型病毒引入内存。已感染病毒的文件执行速度会减缓,甚至完全无法执行。有些文件遭感染后,一执行就会遭到删除。大多数的文件型病毒都会把它们自己的程序码复制到其宿主的开头或结尾处。这会造成已感染病毒文件的长度变长,但用户不一定能用 DIR 命令列出其感染病毒前的长度。也有部分病毒是直接改写"受害文件"的程序码,因此感染病毒后文件的长度仍然维持不变。感染病毒的文件被执行后,病毒通常会趁机再对下一个文件进行感染。有的高明一点的病毒,会在每次进行感染时,针对其新宿主的状况而编写新的病毒码,然后才进行感染,因此,这种病毒没有固定的病毒码——以扫描病毒码的方式来检测病毒的查毒软件,遇上这种病毒可就一点用都没有了。但反病毒软件随着病毒技术的发展而发展,针对这种病毒现在也有了有效手段。大多数文件型病毒都是常驻在内存中的。

(3)文件型病毒分为源码型病毒、嵌入型病毒和外壳型病毒。

源码型病毒是用高级语言编写的,若不进行汇编、链接则无法传染扩散。嵌入型病毒是嵌入在程序的中间,它只能针对某个具体程序,如 dBASE 病毒。这两类病毒受环境限制尚不多见。目前流行的文件型病毒几乎都是外壳型病毒,这类病毒寄生在宿主程序的前面或后面,并修改程序的第一个执行指令,使病毒先于宿主程序执行,这样随着宿主程序的使用而传染扩散。文件外壳型病毒按其驻留内存方式可分为高端驻留型、常规驻留型、内存控制链驻留型、设备程序补丁驻留型和不驻留内存型。

9)按病毒的算法

(1)伴随型病毒:这一类病毒并不改变文件本身,它们根据算法产生 exe 文件的伴随体,具有同样的名字和不同的扩展名(com,例如,xcopyexe 的伴随体是 xcopy. com。病毒把自身写入 com 文件并不改变 exe 文件,当 DOS 加载文件时,伴随体优先被执行到,再由伴随体加载执行原来的 exe 文件。

(2)"蠕虫"型病毒。这种病毒的前缀是 Worm,其共有特性是通过网络或者系统漏洞进行传播,很大部分的蠕虫病毒都有向外发送带毒邮件、阻塞网络的特性,比如冲击波(阻塞网络)、小邮差(发带毒邮件)等。蠕虫病毒通过计算机网络传播,不改变文件和资料信息,有时它们在系统中存在,一般除了内存不占用其他资源。

(3)寄生型病毒。除了伴随和"蠕虫"型,其他病毒均可称为寄生型病毒,它们依附在系统的引导扇区或文件中,通过系统的功能进行传播。按其算法不同可分为:练习型病毒,病毒自身包含错误,不能进行很好的传播,例如一些病毒在调试阶段;诡秘型病毒,它们一般不直接修改 DOS 中断和扇区数据,而是通过设备技术和文件缓冲区等 DOS 内部修改,不易看到资源,使用比较高级的技术,利用 DOS 空闲的数据区进行工作;变型病毒(又称幽灵病毒),这一类病毒使用一个复杂的算法,使自己每传播一份都具有不同的内容和长度,它们一般的做法是由一段混有无关指令的解码算法和被变化过的病毒体组成。

3.计算机网络病毒的识别及防治

1)网络病毒的识别

一般认为,网络病毒具有病毒的一些共性,如传播性、隐藏性、破坏性等。同时具有自己的一些特征,如不利用文件寄生(有的只存在于内存中),对网络造成拒绝服务,以及与黑客技术相结合等。在产生的破坏性上,网络病毒都不是普通病毒所能比拟的,网络的发展使得病毒可以在短时间内蔓延至整个网络,造成网络瘫痪。网络病毒大致可以分为两类:一类是面向企业用户和局域网的,这种病毒利用系统漏洞,主动进行攻击,可能造成使整个互联网瘫痪的后果,以"红色代码"、"尼姆达"以及"sql 蠕虫王"为代表;另外一类是针对个人用户的,通过网络(主要是以电子邮件、恶意网页的形式)迅速传播的蠕虫病毒,以爱虫病毒、求职信病毒为代表。在这两类病毒中,第一类具有很大的主动攻击性,而且爆发也有一定的突然性,但相对来说,查杀这种病毒并不是很难。第二类病毒的传播方式比较复杂和多样,少数利用了微软的应用程序漏洞,更多的是利用社会工程学(如利用人际关系、虚假信息或单位管理的漏洞等)对用户进行欺骗和诱惑,这样的病毒造成的损失是非常大的,同时也是很难根除的。

网络病毒与一般的病毒有很大的差别。一般的病毒是需要寄生的,它可以通过自己指令的执行,将自己的指令代码写到其他程序的体内,而被感染的文件就被称为"宿主"。例如,Windows 下可执行文件的格式为 PE 格式,当需要感染 PE 文件时,将病毒代码写入宿主程序中或修改程序入口点等。这样,宿主程序执行时,就可以先执行病毒程序,病毒程序运行完之后,再把控制权交给宿主原来的程序指令。可见,一般病毒主要是感染文件,当然也还有像 DIRII 这种链接型病毒,还有引导区病毒。引导区病毒感染磁盘的引导区,如果是软盘被感染,这张软盘用在其他机器上后,同样也会感染其他机器,所以传播方式也是用软盘等方式。网络病毒在采取利用 PE 格式插入文件的方法的同时,还复制自身并在互联网环境下进行传播。病毒的传染能力主要是针对计算机内的系统文件而言,如蠕虫病毒的传染目标是互联网内的所有计算机、局域网条件下的共享文件夹。E-mail、网络中的恶意网页、大量存在着漏洞的服务器等都成为蠕虫传播的良好途径。表 4-1 比较了一般病毒与网络病毒的差异。

一般病毒与网络病毒的差异比较 表 4-1

比较项目	一般病毒	网络病毒
存在形式	寄存文件	独立程序
传染机制	宿主程序运行	主动攻击
传染目标	本地文件	网络资源

2）网络病毒的预防

相对于单机病毒的防护来说，网络病毒的防范具有更大的难度，网络病毒的防范应与网络管理集成。网络防病毒的最大优势在于网络的管理功能，如果没有把管理功能加上，很难完成网络防毒的任务。只有管理与防范相结合，才能保证系统的良好运行。管理功能就是管理全部的网络设备与操作，从集线器、交换机、服务器到包括软盘的存取、局域网上的信息互通、与Internet的接驳等所有病毒能够感染和传播的途径。

在网络环境下，病毒传播扩散快，仅用单机反病毒产品已经难以清除网络病毒，必须有适用于局域网、广域网的全方位反病毒产品。

在选用反病毒软件时，应选择对病毒具有实时监控能力的软件，这类软件可以在第一时间阻止病毒感染，而不是靠事后去杀毒。要养成定期升级防病毒软件的习惯，并且间隔时间不要太长，因为绝大部分反病毒软件的查毒技术都是基于病毒特征码的，即通过对已知病毒提取其特征码，并以此来查杀同种病毒。对于每天都可能出现的新病毒，反病毒软件会不断更新其特征码数据库。

要养成定期扫描文件系统的习惯；对软盘、光盘等移动存储介质，在使用之前应进行查毒；对于从网上下载的文件和电子邮件附件中的文件，在打开之前也要先杀毒。另外，由于防病毒软件总是滞后于病毒的，因此它通常不能发现一些新的病毒。因此，不能只依靠防病毒软件来保护系统。在使用计算机时，还应当注意以下几点：

（1）不使用或下载来源不明的软件。

（2）不轻易上一些不正规的网站。

（3）提防电子邮件病毒的传播。一些邮件病毒会利用ActiveX控件技术，当以HTML方式打开邮件时，病毒可能就会被激活。

（4）常关注一些网站、BBS发布的病毒报告，这样可以在未感染病毒时做到预先防范。

（5）及时更新操作系统，为系统漏洞打上补丁。

（6）对于量要文件、数据做到定期备份。

四、计算机网络管理

计算机网络的管理可以说是伴随着ARPAnet的产生而产生的。人们需要检测网络的运行状况，需要保证网络安全、可靠、高效地运行。但随着计算机网络的高速发展，规模不断扩大，节点数从几十到几千，复杂性不断增加，设备类型增多、功能增强，再加上不同的操作系统、不同的通信协议等，使人们意识到单靠人力是无法胜任这项工作的，必须使用自动的网络管理。网络管理包括对硬件、软件和人力的使用、综合与协调，以便对网络资源进行监视、测试、配置、分析、评价和控制，这样就能以合理的价格满足网络的一些需求，如实时运行性能、服务质量等。

1. 网络管理概述

网络管理，简称网管，是为保证网络系统能够持续、稳定、安全、可靠和高效地运行，对网络上的通信设备及传输系统进行监测和控制的方法和措施。由此可知，网络管理的任务就是收集、监控网络中各种设备和设施的工作参数、工作状态信息，将结果显示给管理员并进行处理，从而控制网络中的设备、设施的工作参数和工作状态，使其可靠运行。

　　与软件相关的网络管理问题,例如网络应用程序、用户账号和存取权限、数据安全性等的管理,一般放在网络安全中讨论。而网络管理通常主要关注与硬件相关问题的管理,包括工作站、服务器、网卡、路由器、两桥和集线器等。通常情况下,这些设备都离生产厂商所在的地方很远。因此,厂商们在一些设备中设立了网络管理的功能,这样就可以远程地询问它们的状态,让它们在有一种特定类型的事件发生时能够向网络管理员发出警告。这些设备通常被称为"智能设备"。

　　网络管理系统是一种特殊的软件程序,它的主要功能是维护网络正常、高效率地运行,即它是实现网络的程序。网管系统能及时检测网络出现的故并进行处理,能通过监测分析运行状况而评估系统性能,通过对网络的协调、配置更有效地利用网络资源,保证网络高效率正常运行,如图4-5所示。

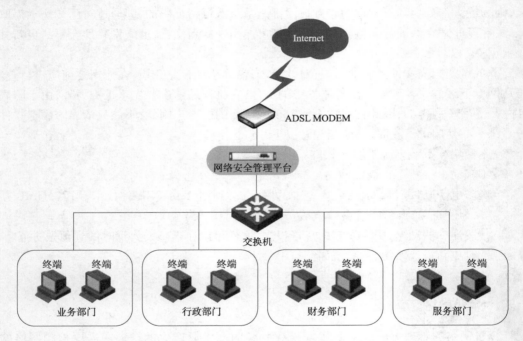

图4-5　一个中小企业网络安全审计管理平台拓扑图

　　2. 网络管理的功能

　　根据国际标准化组织定义,网络管理有五大功能:故障管理、配置管理、性能管理、安全管理、计费管理,根据网络管理软件产品功能的不同,又可细分为五类,即网络故障管理、网络计费管理、网络配置管理、网络性能管理、网络安全管理等。

　　1)故障管理(Fault management)

　　故障管理是网络管理中最基本的功能之一。用户都希望有一个可靠的计算机网络。当网络中某个组成失效时,网络管理器必须迅速查找到故障并及时排除。通常不大可能迅速隔离某个故障,因为网络故障的产生原因往往相当复杂,特别是当故障是由多个网络组成共同引起的。在此情况下,一般先将网络修复,然后再分析网络故障的原因。分析故障原因对于防止类似故障的再发生相当重要。网络故障管理包括故障检测、隔离和纠正三方面,应包括以下典型功能：

（1）维护并检查错误日志；

（2）接受错误检测报告并做出响应；

（3）跟踪、辨认错误；

（4）执行诊断测试；

（5）纠正错误。

对网络故障的检测依据对网络组成部件状态的监测。不严重的简单故障通常被记录在错误日志中，并不作特别处理；而严重一些的故障则需要通知网络管理器，即所谓的"警报"。一般网络管理器应根据有关信息对警报进行处理，排除故障。当故障比较复杂时，网络管理器应能执行一些诊断测试来辨别故障原因。

2）计费管理（Accounting management）

计费管理记录网络资源的使用，目的是控制和监测网络操作的费用和代价。它对一些公共商业网络尤为重要。它可以估算出用户使用网络资源可能需要的费用和代价，以及已经使用的资源。网络管理员还可规定用户可使用的最大费用，从而控制用户过多占用和使用网络资源。这也从另一方面提高了网络的效率。另外，当用户为了一个通信目的需要使用多个网络中的资源时，计费管理应可计算总计费用。

3）配置管理（Configuration management）

配置管理同样相当重要。它初始化网络、并配置网络，以使其提供网络服务。配置管理是一组对辨别、定义、控制和监视组成一个通信网络的对象所必要的相关功能，目的是为了实现某个特定功能或使网络性能达到最优。

配置管理包括以下内容：

（1）设置开放系统中有关路由操作的参数；

（2）被管对象和被管对象组名字的管理；

（3）初始化或关闭被管对象；

（4）根据要求收集系统当前状态的有关信息；

（5）获取系统重要变化的信息；

（6）更改系统的配置。

4）性能管理（Performance management）

性能管理估价系统资源的运行状况及通信效率等系统性能。其能力包括监视和分析被管网络及其所提供服务的性能机制。性能分析的结果可能会触发某个诊断测试过程或重新配置网络以维持网络的性能。性能管理收集分析有关被管网络当前状况的数据信息，并维持和分析性能日志。一些典型的功能包括：

（1）收集统计信息；

（2）维护并检查系统状态日志；

（3）确定自然和人工状况下系统的性能；

（4）改变系统操作模式以进行系统性能管理的操作。

5）安全管理（Security management）

安全性一直是网络的薄弱环节之一，而用户对网络安全的要求又相当高，因此网络安全管理非常重要。网络中主要有以下几大安全问题：网络数据的私有性（保护网络数据不被侵入者非法获取）、授权（Authentication）（防止侵入者在网络上发送错误信息）、访问控制（控制访问控制（控制对网络资源的访问）。相应的，网络安全管理应包括对授权机制、访问控制、加密和加密关键字的管理，另外还要维护和检查安全日志。包括：

（1）创建、删除、控制安全服务和机制；

（2）与安全相关信息的分布；

（3）与安全相关事件的报告。

知识拓展

Windows 7 防火墙规则设置

1. Windows 7 系统防火墙概述

位置："我的电脑"→"控制面板"→"Windows 防火墙"，如图 4-6 所示。

图 4-6

打开后，进入如图 4-7 所示的下界面。

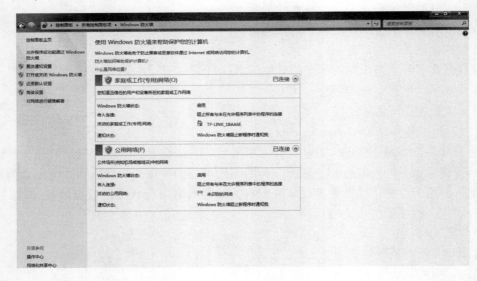

图 4-7

单击高级设置，如图 4-8 所示。

这里面默认有 3 种配置文件可供使用，一个是域配置文件，一个是专用配置文件，一个是

120

公用配置文件。一个配置文件可以解释成为一个特定类型的登录点所配置的规则设置文件，它取决于在哪里登录网络。

图　4-8

（1）域：连接上一个域。

（2）专用：这是在可信网络里面使用的，如家庭的网络，资源共享是被允许的。

（3）公用：直接连入 Internet 或者是不信任的网络，或者想和网络里面的计算机隔离开。

当第一次连接上网时，Windows 会检测网络的类型。如果是一个域的话，则对应的配置文件会被选中。如果不是一个域，有防火墙会有一个弹窗，提醒要选中是"公用的"还是"专用的"，从而决定使用哪个配置文件。如果在选择后改变了主意，想改变它，就得去"网络和共享"那里。后面会做介绍。

在进一步深入之前，我们得学会怎样进行出站控制。

首先，选中高级设置图片中的属性（图中打框的标记处）如图4-9所示。

详细设置介绍如图4-10所示。

前三个标签是显示各个配置文件的基本设置，每个配置文件的入站/出站、日志等的设置都可能不同。所以就先看看是如何设置的。

防火墙状态：开启还是关闭防火墙（既是否使用）。

①入站连接。

阻止（默认）：没有指定的所有连接都会被阻止。如果设置了某个规则允许入站，例如共享文件和游戏服务，则就要在这里选择。

阻止：没有指定允许规则的出站连接都会被阻止。

121

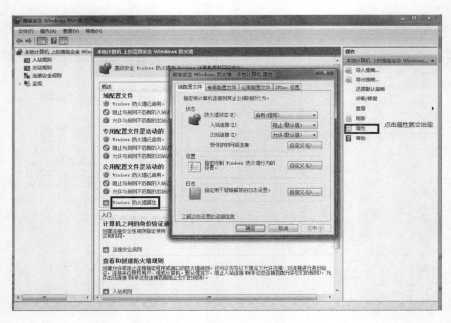

图　4-9

阻止所有连接：这样的设置会使得防火墙"阻止所有,而且没有例外"。所以,如果有入站的允许规则,那么这里就会被阻止。

允许：会允许所有没有具体阻止规则的连接。如果没有入站的阻止规则,则所有的入站连接都会被允许。

②出站连接。

允许(默认)：允许那些没有具体的阻止规则的连接出站。

其次,设置：单击"自定义",如图4-11所示。

图　4-10

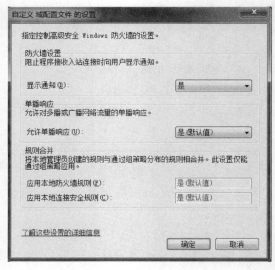

图　4-11

对于这些设置的说明，只要单击即可了解这些设置的详细信息。

日志：选择日志的自定义，如图4-12所示。详情看"了解日志的详细信息"。

③IPSEC 标签。

这一部分是为了安全连接设置的。在后面建立规则的时候会详细提到。

现在就看看防火墙的预定制的规则——出站规则。

a．在防火墙主界面选择出站规则，如图4-13所示。

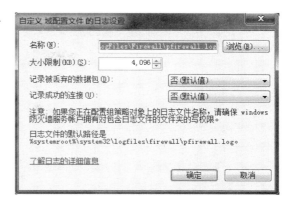

图 4-12

b．在这里可以看到很多的规则，标有绿色勾的表示规则已经激活（正在使用），那些灰色的说明是禁用的规则。为了更好地理解规则，最好先看看组那一栏，会发现多个规则集中在一个组里面，例如文件和打印机共享和远程协助，如图4-14所示。

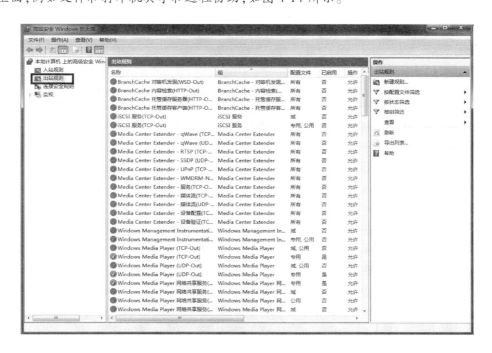

图 4-13

c．每个规则都会被指派给一个或者多个配置文件。只有当相应的配置文件在使用中这个规则才会被激活。为了知道哪些规则正在被使用，通过查看防火墙软件就可以知道。图4-15显示出当前使用的配置文件所有已激活的入站和出站规则。

2．规则建立的基本理论知识和实例

（1）出站规则

许多用户都想知道添加出站的规则，具体步骤如下：

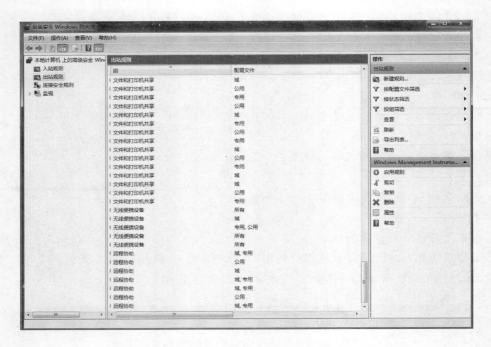

图 4-14

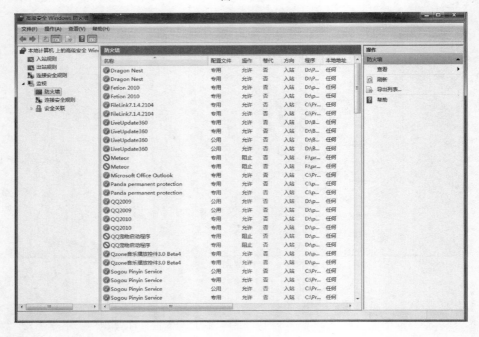

图 4-15

　　如果一个用户想启用"文件和打印机共享",在防火墙主界面会有两个选择:在列表中找到它并且启用;或者可以建立一个新规则,如图4-16所示。

　　选择"预定义",并选择"文件和打印机共享",然后单击"下一步",如图4-17所示。

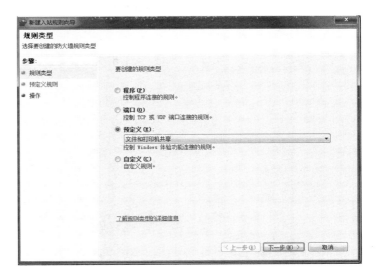

图 4-16   图 4-17

此时屏幕会显示所需要的规则,然后选择想启用的规则即可,如图4-18所示。

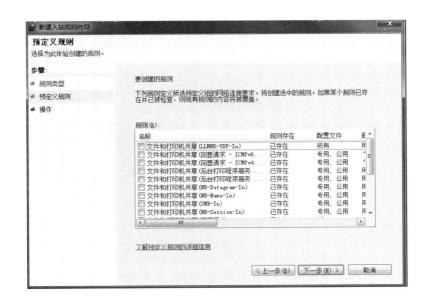

图 4-18

这种方法比在"网络和共享"中启用规则方便多了。

(2)添加应用程序规则

添加一个应用程序规则分为两个部分,它取决于你想要的规则的严格程度。

下面仅就为 chrome 浏览器添加一个规则为例进行说明:

125

在防火墙主界面选择"出站"→"新建规则",选择"程序"如图4-19所示。

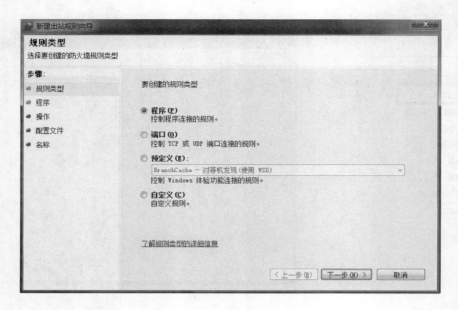

图　4-19

选择"此程序路径"然后选择应用程序,chrome,如图4-20所示。

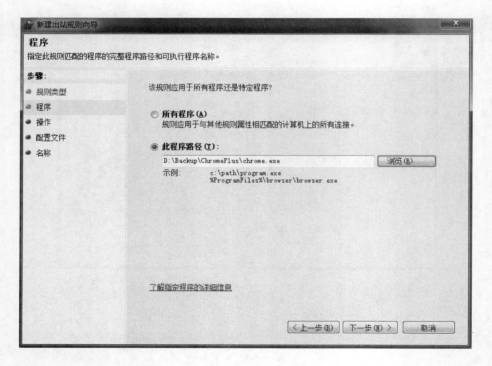

图　4-20

选择"允许连接",如图 4-21 所示。

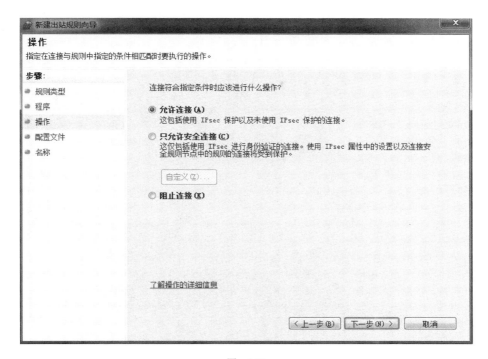

图　4-21

选择想要添加的配置文件,如图 4-22 所示。

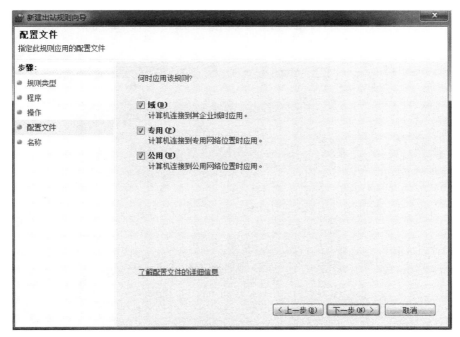

图　4-22

然后填写规则的名称和描述,单击"完成",如图 4-23 所示。

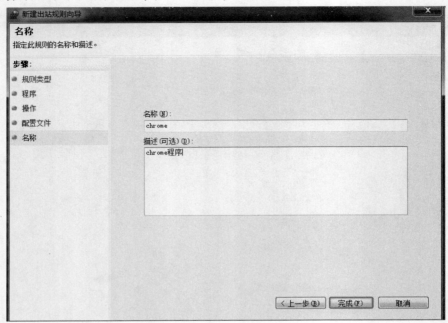

图　4-23

(3)添加限制规则

通过上述操作可得到了一个允许 chrome 外联的规则。对于一些用户,如果需要更多的控制,例如想限制程序,则应再次编辑规则。

双击刚才建立的 chrome 规则来添加限制,如图 4-24 所示。

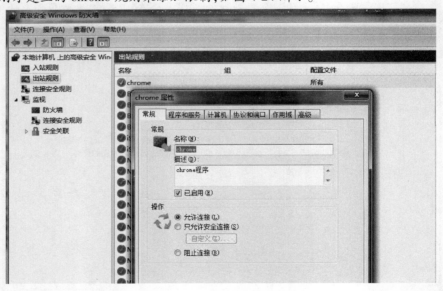

图　4-24

选择"协议和端口"。协议类型选择 TCP,添加远程端口 80,443,如图 4-25 所示。

如果想添加一个端点限制,只允许某些IP能够连接,则应把那些IP添加到"远程IP地址"里,如图4-26所示。

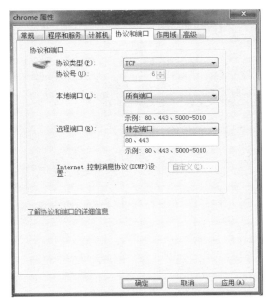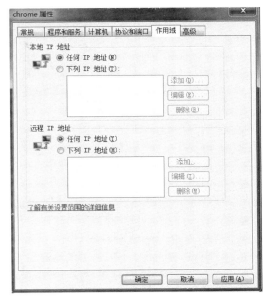

图 4-25　　　　　　　　　　　　　　　　图 4-26

3.添加特殊的规则

为"服务"和"svchost"添加规则时对一些服务添加规则时有许多应该注意的事情。例如,当为windows updates添加规则时,需要为远程端口80/443建立规则。由于系统需要的一个镜像站点的数量一直在改变,试图添加一些限制可能导致问题。在防火墙软件中,可以为一些服务添加到规则里。

在为chrome添加规则时,首先应为svchost建立应用程序出站规则,这个过程中可能会出现一个警告的弹窗,如图4-27所示。

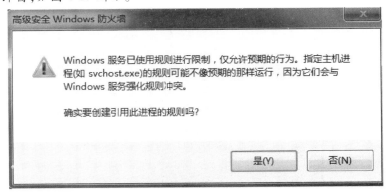

图 4-27

此时只要双击建立的规则,选择规则属性,选择自定义服务标签,然后选择服务设置,在弹窗选择"应用于下面服务",选择"windows update",最后单击"确定",如图4-28所示。

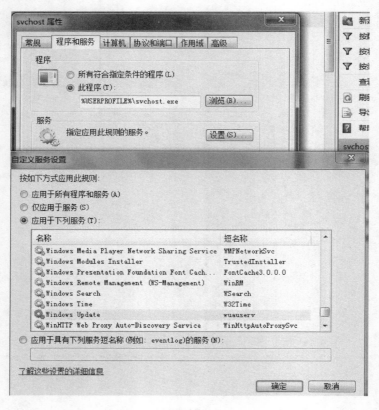

图 4-28

然后切换到"协议和端口"标签,选择 TCP 协议和相应的远程端口,单击"确定"即可,如图 4-29 所示。

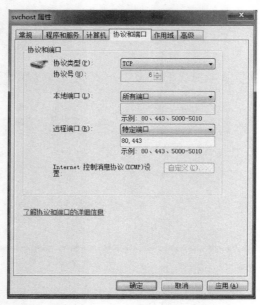

图 4-29

思考与练习

1. 网络安全的定义是什么?

2. 网络安全有哪些特征?

3. 威胁网络安全的因素有哪些?

4. 请列举网络安全机制有哪些。

5. 什么是加密技术?

6. 列举几种常用的加密技术。

7. 请简单叙述加密技术的优缺点。

8. 请简答防火墙的定义。

9. 防火墙有什么功能?

10. 防火墙有哪些优缺点?

11. 安全漏洞的含义是什么?

12. 什么是网络黑客?

13. 什么是计算机病毒?

14. 计算机病毒的特征有哪些?

15. 如何预防计算机病毒?

16. 计算机网络管理有哪几大功能?

　项目总结

通过本项目的学习,学生能够掌握网络安全的相关概念,了解威胁网络安全的主要因素,进而掌握必要的加密技术的原理,掌握网络防治病毒的一些基本方法;了解防火墙的相关概念、类型和作用,可对网络管理的重要性加强认识。

参 考 文 献

[1] 付晓翠，高葵. 网络技术与应用[M]. 北京:电子工业出版社, 2014.

[2] 雷震甲. 计算机网络[M]. 3 版. 西安:西安电子科技大学出版社, 2011.

[3] 王相林. 计算机网络——原理、技术与应用[M]. 北京:机械工业出版社, 2010.

[4] 石炎生,羊四清,谭敏生. 计算机网络工程实用教程[M]. 北京:电子工业出版社, 2008.

[5] 章春梅. 计算机网络技术基础[M]. 北京:电子工业出版社, 2011.

[6] 李志球. 计算机网络基础[M]. 3 版. 北京:电子工业出版社, 2010.

[7] 王巧莲,方风波. 计算机网络基础与实训[M]. 北京:科学出版社, 2006.

[8] 尚晓航. 计算机网络技术基础[M]. 3 版. 北京:高等教育出版社, 2008.

[9] 满昌勇. 计算机网络基础[M]. 北京:清华大学出版社, 2010.

[10] 张文炳. 综合布线技术与实训[M]. 北京:研究出版社, 2004.

[11] 欧阳江林. 计算机网络实训教程[M]. 北京:电子工业出版社, 2004 .